天然又好吃的 健康果醬

蘿拉 ◎著

用心 細膩 幸福感

　　第一次品嚐到蘿拉手工果醬，讓我有一份親切的感動，我似乎聞到大自然的氣息，蘿拉果醬沒有一般果醬過於濃郁的香氣，有的是清爽優雅的滋味，滲入口裡，縈繞舌間，有股幸福的感覺，讓你體會到宛珍製作蘿拉果醬的用心與細膩。

　　我可以稱得上「健康一族」，經常閱讀健康書籍，聆聽健康專家演講，終究體會出「食物是最好的醫藥」，清淡天然粗食，均衡營養是健康的根本，謹守低油、低糖、低鹽、高纖，三低一高飲食原則是避免文明病：心血管疾病、高血壓、糖尿病、痛風、甚至於阿茲海莫症的必要條件，落實健康飲食的藝術成為我生活的一部份，也是馬可先生麵包坊誕生的主要原因。

　　如何吃得健康又嚐得到美食，生活得優雅自在，又活得豐富、熱忱，可謂藝術。我看到宛珍四處尋找有機栽培及無農藥的果實，堅持創造出有生命力的天然果醬，我相信已經得到許多人的共鳴，用心栽種，必然耕耘出累累果實。宛珍以日本達人自慢的精神，引以為傲的專業，將果醬的藝術介紹給追求天然飲食美感的消費者，真是一大福音，值得推薦。

馬可先生麵包坊 總經理

4

甜蜜心滋味

　　在遍訪台灣綠色優質食材的旅程中，我經常有機會品嚐台灣在地的好滋味，有的是有機栽種的，有的是安全用藥的，有的是小農小量生產的。好食物的基本要件必須是適地適種，按照季節與陽光變化，在最合宜的時刻播種、收割。最佳狀態的蔬果通常就是當季盛產的作物，如果不加以保存，延長蔬果的壽命，珍饈也會變成垃圾。也因此，我常常覺得，用台灣好食材加工的手造者，是在修習共好功德。

　　第一次認識蘿拉，是我突發拜訪她位在新竹的工作室。工作室隱身在寧靜的巷內，推開大門除了撲面而來的天然果香之外，就是他們夫妻靦腆又親切的笑容。她和先生放下手邊的工作，跟我介紹他們的果醬，對於我所提出的問題可說是知無不言，言無不盡，一點都沒有藏私的意圖。我想，無私和坦誠是他們今天願意將果醬實作經驗，整理出書的很大原因。

　　蘿拉謙虛的說，她的經驗除了從國外圖書學習之外，就是摸索、試做，一點一滴累積出來的。參觀了他們做果醬的過程之後，我了解除了這些，還需要有愈挫愈勇的精神，無限的細心和耐心，還有很多創意和天份。

　　離開工作室時，蘿拉慎重的拿出一罐玫瑰甜桃果醬送我，後來我才知道，其實當時在等這罐玫瑰甜桃果醬的網路預約客，已經排到三個月以後了。那罐珍貴的玫瑰甜桃果醬，陪伴我度過好幾頓早餐和美好的下午茶，蘿拉包裝果醬時的神情，和細膩的態度，每回都會伴隨著我口中的甜蜜滋味浮現。我相信，會如此慎重對待一瓶手造果醬的生產者，必會用同樣的心，與讀者分享好東西。

朱慧芳

綠色食材作家
作品《只買好東西》、《只買好東西2吃穿用的幸福感》

5

讓人著迷的手工果醬

　　果醬：很普遍的食物，只用來塗抹麵包或餅乾，偶爾吃吃，甜膩又添加化學物品。

　　以上這些形容果醬的觀感，應該是大部分消費者的心聲，包括我都是這種心態，所以果醬在我家並不是很討喜的東西。偶然的機緣裡，在攝影棚中遇到了蘿拉，使我接觸到了真正讓人著迷的手工果醬，不僅吃得到水果的香氣與滑順，更少了甜膩的感覺，讓人吃了無負擔。

　　蘿拉天然手工果醬從水果的挑選到製造過程，全部以人工完成殺菌，選材的嚴謹、製造過程的執著，堅持以天然食材手工製作方式，以慢工出細活的態度生產出的產品才能讓消費者口耳相傳，做出口碑的搶手商品，越做越多元化，包括抹醬也是好吃濃郁。好幾次朋友聚會中提到蘿拉果醬，大家只有一句話形容：吃得滿意又放心。

　　我的座右銘是：「成功是留給用心過生活的人，無論對事對人，只要用心，一定會成功。」蘿拉便是一個好例子！凱特文化出版了很多實用的優質書籍，這本「天然又好吃的健康果醬」，找來聰明又有一雙巧手的蘿拉，將果醬製作的過程，毫不藏私的以深入淺出的方式呈現給讀者，除此之外，還可增強親子關係喔！

　　就讓我們利用當季水果的盛產期，跟著蘿拉做果醬吧！相信這本好書一定為你的家庭製造歡樂，祝福大家生活如果醬般的甜蜜。

林秋香

食養專家

實至名歸的果醬達人！

　　以前我對果醬興趣缺缺，總覺得它的果膠多過水果，即使顏色、名稱不同，總覺得吃來吃去不過還是同一種香精口味，我還是鍾情只用火腿來夾吐司，直到移居至加拿大，女兒的法籍同學帶來鄉下媽媽自製的手工果醬，打開瓶罐就是一陣濃郁水果香，隨即把它塗在法國麵包上嚐了一口，我忍不住驚呼：「這才是好吃的果醬！」

　　第一次在中天電視台遇見宛珍，嘴裏沒有吭氣，我的心裡其實抱著很大的疑問，台灣人真能做出好的果醬？直到嚐到她親手做的果醬，我不由得睜大了眼，仔細看著眼前這位看似柔弱的女孩，真難以置信她是怎麼辦到的？我頻頻點頭，告訴主持人青蓉小姐，這和我在國外吃到的果醬一模一樣，心底又不禁再度讚嘆「這才是好吃的果醬！」

　　聽過宛珍的果醬創作故事，讓人無法不為她的毅力感動，這讓我想到，在我們的社會裏，大多數的父母都期許會唸書的孩子選擇一個穩定無虞的未來，他們卻不知道，孩子的一生正因未替自己的興趣奮鬥過，永遠留著一份遺憾與失落。

　　所幸宛珍的父母與親密愛人自始至終的全力支持她，那種強烈的力量從她的手作果醬裏都能品嚐得出。我很開心在自己的國家就能嚐到這種國際水準的果醬，也希望宛珍對果醬的熱情能掀起國人自己DIY做果醬的風潮，手工製食品永遠不同於大型工廠的加工食品，它所蘊含的愛與甜蜜，是我們終生都在追求的味道。

知名美食家

7

自 序

　　家人朋友聽到我要寫手工果醬書的消息，都擔心的對我說：「如果以後大家都會自己做果醬，不就沒人要跟你們買果醬了？」

　　有句話說：「當你懂得分享，就能獲得更多。」我抱持這樣的想法，藉由這本書傳達我對天然食物的堅持與概念，不用吃到化學添加物，也是一件很好的事。況且，有能力分享是幸福的。所以，我帶著期望大家都能輕鬆品嚐天然食物的喜悅心情，著手寫這本書。

　　「天然又好吃的健康果醬」這本書裡運用四季的當令食材所做出的果醬，裡面也包含了蘿拉果醬熱賣口味的做法，方便讀者可以按照春夏秋冬不同的季節來製作果醬。

　　讀者在家自製果醬時，最常遇到的問題應該是用什麼器具？用什麼糖煮較好呢？煮好的果醬為什麼放幾天就壞掉了？還有到底該煮到什麼樣的程度，才是煮好了呢？果醬除了搭配麵包還可以怎麼吃呢？這些問題也是我在摸索果醬的過程中曾經感到疑惑的，因此在書裡都有詳細的介紹。

　　在書的最後面，也提到鴻仁和我追求夢想的過程，希望可以帶給大家不同的人生觀點，也鼓勵大家把握時光，勇敢的追求人生，找到屬於自己最簡單的快樂與幸福。最後，希望讀者看了這本書，能學到基本的觀念，輕鬆的就能在家製作果醬。

CONTENTS

Chapter 1

果醬教室課前預習

Chapter 2

果醬教室上課嘍！

在春天甦醒的果醬

在夏天綻放的果醬

Chapter 3

果醬教室的午茶時間

天然果醬嚐鮮吃法DIY

Chapter 4

蘿拉和天然果醬的相遇

Chapter 1

果醬教室
課前預習

認識天然果醬

　　果醬製作的基本原理便是利用糖來醃漬水果，再經過熬煮，讓多餘的水分濃縮、收乾，達成保存和食用的目的。

　　天然果醬材料只需用到糖和水果，另外加點檸檬汁除了可以提升水果的風味，還可達到減少氧化、保持水果顏色的功用。熬煮時間的長短也得拿捏好，過久，會失去原有的色澤及風味；過短，則不夠濃縮，呈現水水的狀態，用來塗抹麵包較不方便。這時，可以加入蘋果或柑橘類水果熬煮，萃取的膠質，幫助果醬濃稠，減少流動性，讓食用上較為方便。

天然果醬與市售果醬的不同

　　一瓶好的果醬，成份皆來自天然。酸度、香氣、色澤都是食材本身散發出來的，膠質也取自天然的果膠。而市售果醬用了大量的添加物——檸檬酸、香精、色素、防腐劑。檸檬酸用於控制果醬的ph值，色素、香精彌補長時間烹煮所耗損的色澤及香氣，而防腐劑則是延長保存期限。

　　天然果醬不添加化學物，選用新鮮食材，加上純手工製作需投入很多的耐心與細心，才得以製作出色澤、香氣、風味十足的成品。比起市售果醬以機器大量生產，天然果醬所耗費的人力與心意，更對我們的健康多一份關懷，這也是售價較高的原因。

天然果醬的美妙

　　自己動手做果醬，不僅能依自己的喜好選水果，更不用擔心吃到多餘的添加物，利用充分的水果取代糖，品嚐真正的原味果醬，也可依自己的喜好，調整糖的多寡及種類。偶爾，家裡不小心買了太多的水果，也可以趁著新鮮的時候，把它都做成果醬保存起來。不但不浪費，還可以在不同的季節吃到想吃的水果。在特別的節日，也可以花一些心思，為家人或朋友製作一罐特別的果醬，傳達你滿滿的心意與愛。

天然果醬變色的現象

　　天然的水果原本就容易因為時間和溫度而氧化變色，這是自然的現象，可以放心食用。天然果醬在糖份較低、酸度不夠、或者放置在高溫、空氣不流通以及陽光直射的地方，都會加速果醬變色的情形。但這並不會影響果醬的風味，如果要避免這種情形，最好的方式就是放置冰箱保存，通常可以維持果醬剛煮出來的顏色。

判斷果醬濃稠的四個方法

　　製作果醬的最後一個步驟，就是測試果醬是否濃稠，是否可以起鍋了？在這裡蘿拉教大家四個判別果醬濃稠度的方法，讓你不用單憑感覺判斷果醬最佳起鍋時刻喔！

❋ 1. 冷盤測試

將金屬或陶瓷盤放入冷凍庫冰存。果醬煮到濃稠時，拿出冷凍庫中的冰盤，滴少許果醬在盤中，稍待數秒。若能以手指清楚的劃出一道痕跡，表示已凝結或濃稠。或輕推果醬，表面會產生皺摺紋路，表示果醬已凝結。

15

2. 凝結狀

以透明杯裝滿冷水，熱果醬滴入玻璃中、
若果醬不散開，完整的直接沉入杯底，
也為凝結。

3. 滴落狀

一邊煮一邊用攪拌棒舀少許果醬，觀察果醬從攪拌棒滴落的狀態，
是否呈現濃稠狀滴下或伴隨果肉緩緩滑落。

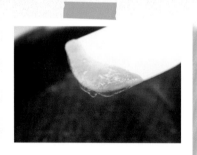

4. 輕刮鍋底

果醬份量較少時，亦可用攪拌棒輕刮鍋底，若果醬流動較慢
或湯汁變少，表示果醬已濃稠。

果醬保存的四個基本步驟

　　自製天然不加防腐劑的果醬，為了長時間保存，在處理上必須小心謹慎。若糖度在60%以上未開封的情況下，可保存長達1～2年之久。而開封後細菌會進到罐中，如果果醬本身的糖度夠高，細菌較無法生存，則可以繼續保存較久的時間。但開封後仍需以冷藏方式保存。

❀ 1. 使用的容器需乾淨乾燥

用清水將玻璃罐沖洗乾淨後，以倒置的方式放入烤箱，使瓶內的水份可以流出，將烤箱溫度調在攝氏110～120度烘烤20～30分鐘。除了讓水份烘乾外，高溫亦有殺菌的功能。

若家中沒有烤箱，亦可使用湯鍋或較大的鍋子，先將玻璃瓶、瓶蓋用沸水煮15分鐘，再將玻璃瓶、瓶蓋拿出來晾乾即可使用，但是殺菌效果較差。

❀ 2. 利用糖和酸當天然的防腐劑

糖的高滲透壓可以使細菌和黴菌生理脫水，抑制他的生長與繁殖。我們的祖先利用鹽或糖來醃漬蔬菜，也是這個原理。熬煮果醬需注意，糖度越高，酸度越高，越能抑制細菌生長，達到保存的效果。

❀ 3. 果醬需在高溫下裝罐

果醬在高溫下裝罐後倒置冷卻，利用熱脹冷縮的原理，可以使罐內達到某種程度的半真空狀態，也能藉由高溫對瓶口有殺菌的作用。如果想使果醬保存更久，也可採取在封罐後，以100度沸水煮15分鐘以上，讓果醬中的細菌無法生存，熱水對果醬產生壓力，幫助內部的氣體排出，形成真空狀態。

❀ 4. 果醬成品需避免陽光照射

果醬成品應放置在通風、陰涼的地方，比較能維持果醬的品質及顏色，存放時需避免陽光照射、悶熱或空氣不流通的環境，否則容易使果醬產生變色、變質的情形。

水果挑選術

常常在水果攤前駐足很久，拿在手上壓一壓、捏一捏，還是搞不清楚買哪顆才不吃虧，精挑細選後，回家卻發現買到的水果不夠甜！該脆的不脆、該軟的不軟！也許我們沒有辦法像水果商挑水果的好功力，但只要掌握一些小技巧，了解水果的特性，下回買水果就不必煩惱太久囉！

❀ 比較重量

挑水果的手感很重要，學會抓稱水果重量便可以挑出不少好水果。同樣大小的水果，選擇相對重量較重的水果通常比較好吃，因為組織較密，水份也比較多。像是芭樂、蘋果、柳丁、蓮霧……

❀ 觀察外型

通常水果在蒂的部位，凹得越厲害代表越甜。

- 果型飽滿較好，如：芒果飽滿則肉多籽小。
- 外皮細緻光滑比粗糙的好，如：柑橘類。
- 水果的蒂頭及臍的部份，成熟時會長得較開展，是成熟的象徵。
- 表皮紋路明顯且分佈均勻開展為好，如：哈密瓜。
- 表皮有絨毛的水果，絨毛長的比短的好，如：水蜜桃、奇異果、枇杷。

❀ 選擇硬度

水果的硬度主要由果膠物質的變化所決定。未成熟的果實含有不溶性的「原果膠」，緊密地黏結果實細胞，使果實逐漸成熟，原果膠轉變為水溶性的「果膠」，果實就會由硬變軟。因此果實從硬變軟是成熟的表徵之一。

有些水果人們喜歡在質地硬而脆時吃，如：蘋果、番石榴、蓮霧、棗子。大部份水果則在質地變軟而香甜時才享用，但在購買時，還是選擇硬些的水果品質較好，如：櫻桃、柳丁、葡萄……

❀ 細聽聲音

輕拍彈水果發出的聲音，也是辨認水果好壞的重要指標。

- 西瓜聲音要沉穩。
- 蘋果聲音要清脆。
- 輕搖哈密瓜及香瓜有聲音時，品質較不佳。
- 鳳梨要選發出肉聲的。
- 輕搖酪梨和榴槤有聲音時，表示熟度已夠能吃了。

❀ 表面色澤

果實色澤越深，則越甜、越成熟。

如：柑橘類及木瓜要選橘紅色，色澤偏黃色的較差一些。

水果保存術

　　基本上，水果應該要現削現吃最好，但如暫時還不食用時，放入冰箱中是最簡便的作法，但不是所有水果都得這麼做，要特別留意喔！在這裡歸納一些保存水果的訣竅，別再因為一時不小心，讓水果都熟爛而無法食用囉！

　　冷藏前水果先不要清洗，以塑膠袋或紙袋裝好後再行放入冰箱，可防止水分蒸散而致果皮皺縮或軟化。塑膠袋最好戳數個小孔讓水果「呼吸」，以免水氣聚積促使病菌微生物滋生。

　　一般冰箱冷藏室的溫度約3-6℃，如果水果的貯藏適溫低於冰箱的溫度，則保存的期限會縮短，建議買回的水果儘量以一週內吃完為原則。

　　有些水果的貯藏適溫均高於冰箱溫度，只要貯放在室內陰涼的地方即可，不宜長時間擺在冰箱冷藏，否則果皮易起斑點或變褐黑色等病變，影響食用品質。

　　蘋果、釋迦、梨、香蕉、木瓜等水果容易產生較多的乙烯（也就是造成水果熟成的元素），所以其他水果貯藏時儘量不要與上述種類貯放一起，以免加速水果成熟及老化。

各類水果存放冰箱建議表

不要放入冰箱

香蕉、楊桃、枇杷

放入冰箱前先催熟較好

酪梨、榴槤、芒果、釋迦、百香果、奇異果、柿子、木瓜、蕃茄

必須放入冰箱

桃子、桑椹、李子、荔枝、龍眼、紅毛丹、櫻桃、番石榴、蓮霧、梨、草莓、火龍果、甜瓜、柚子

常溫保存或冷藏

金桔、檸檬、鳳梨、葡萄、柳橙、橄欖、青棗、蘋果、西瓜、橘子、椰子、葡萄柚、甘蔗

糖的選擇

　　糖在果醬中扮演的角色很多，可以延長果醬保存時間、增加果醬濃稠度、口感以及甜味。一般製作果醬或甜點時，常使用白砂糖，因它的純度較高，甜味較單純，沒有雜質造成的酸味。

　　自己製作手工果醬，可以依照不同的需求選用不同的糖，而糖所展現出來的特性，將會影響果醬成品的濃稠度和口味。

■ 紅糖

又稱黑糖。甘蔗榨汁後，經過濾、熬煮、研磨而成。因為含有較多礦物質和雜質，所以帶有特殊的風味，很容易影響果醬的顏色、味道。

■ 黃砂糖

比紅糖多了更精細的去雜質過程，純度較紅糖高，仍有黃砂糖的特殊風味，容易影響果醬的顏色、味道，但影響程度較不明顯。

■ 黃冰糖

黃砂糖的結晶，特性與黃砂糖相似。

■ 白砂糖

純度較高，甜味較單純，沒有雜質造成的酸味，不影響果醬的風味，適合製作果醬和一般甜點。

■ 白冰糖

冰糖是白砂糖的結晶，特性與白砂糖相似，無雜質，味道較純粹，純度更高，以中醫的觀點，有潤肺不燥的好處。

■ 糖粉

糖粉是白砂糖研磨成的細緻粉狀，特點是可以快速溶解。選擇未加入玉米粉的糖粉，純度較高、品質也較佳。用在無法大火熬煮、需要快速溶解的情況，例如檸檬凝乳，製作時採用隔水加熱，溫度較低難以溶解砂糖，此時適合用糖粉。

■ 果糖

由澱粉製成，熱量較高，比白砂糖甜，使用比砂糖還要少的份量，就可以達到相同的甜度，但是果糖的水份較多，果醬不易濃稠。

■ 蜂蜜

蜂蜜比白砂糖甜，依不同的花蜜，含有不同的香氣，用太多蜂蜜容易影響果醬風味，少許蜂蜜可用來製造獨特風味。

■ 楓糖

楓樹汁液提取的糖份，價格昂貴，甜度較白砂糖低，水份多，有特殊的風味，較適合用來調整果醬風味。

■ 麥芽糖

由糯米和麥芽汁提煉。甜度大約是白砂糖的一半，濃稠性比砂糖好，以麥芽糖取代砂糖可降低甜度。如果懷孕和哺乳中的媽媽要食用的，則不適合使用麥芽糖來製作，因為麥芽可能讓哺乳的媽媽斷奶。

■ 代糖

解決糖尿病患者用糖問題，代糖為粉末，甜度是白砂糖的幾百倍，只有增甜的作用，無法讓果醬濃稠。糖尿病患者，可選擇代糖來製作專屬的果醬，但是仍然不建議吃得太多，因為水果本身含有果糖，煮成果醬後還是會含有一定程度的果糖，所以少量食用為佳。

果醬達人蘿拉說：

如果希望煮出不加糖的果醬，除了可以用蜂蜜或麥芽糖外，也可以挑選含糖度高或是富含水份的水果來製作。

糖度高的水果，在熬煮時比較快濃縮到足夠的糖度（果醬保存的基本糖度40%或以上）水份足夠，才經得起長時間的熬煮，而不會燒焦。

關於果膠

　　果醬的濃稠度主要決定在水果的膠質。當水份太多果膠太少時，果醬不易濃稠。但若果膠太多則會讓果醬變得太濃或太硬。

　　水果本身就含有果膠，不同的水果，果膠含量也不同。未成熟水果的果膠含量比已成熟水果還要多。下面列出各種水果所含果膠的豐富度，讓大家在果醬製作時參考。果膠含量少的水果，可以搭配果膠含量高的水果一起製作果醬。

水果果膠含量表

豐 富	青蘋果、檸檬、柑橘、酪梨、柿子
中 等	紅蘋果、草莓、香蕉、無花果、李子
稀 少	芒果、桃子、鳳梨、桑椹、葡萄、荔枝、芭樂、梨子

　　柑橘類水果的果膠含量雖然豐富，但是果膠大部份都在果皮裡，必需用特殊的方法萃取才能使用，自行萃取這類水果的果膠會帶有苦味。若是用果膠含量少的水果製作果醬，可以從蘋果萃取果膠加入果醬，讓果醬變得更濃稠。下面蘿拉教大家製作天然果醬的祕密武器吧！但需要注意，加太多蘋果果膠會改變果醬原有的風味喔！

蘋果果膠作法

材料

青蘋果…2個

冰糖…200g

檸檬汁…15c.c.

水…1400c.c.

作法：

1. 清洗乾淨，用軟刷刷除蘋果表皮的蠟，不去皮，直接將蘋果切片。
2. 將切片蘋果放入鍋中，水分次加入，開小火熬煮。
3. 直到蘋果煮透、軟爛。約1小時半。
4. 把蘋果壓成泥，用細紗布將富含果膠的蘋果汁濾出來。
5. 蘋果汁、糖、檸檬汁放入鍋中熬煮，直到濃稠。
6. 測試凝結，裝入密封罐保存。

果醬達人蘿拉說：

寶石般晶瑩剔透的蘋果果膠，製作天然果醬時，常用來幫助其他的果醬凝結，也可以直接塗抹麵包、貝果或當成果凍來吃。在眾多蘋果種類中，其中青蘋果的口感微酸，果膠量較多，而我們使用國外進口的Granny Smith，國內進口的量不多，運氣好時，在大型量販店可買到。「果膠」是膳食纖維的一種，在經過腸道時，能吸附不好的物質，如膽固醇、重金屬、細菌，然後排出體外，減少疾病。因遇水膨脹，可以增加飽足感，幫助減輕食量。若空腹吃，其果膠及纖維具有通便效果。

水果輕鬆剝皮術

　　在處理水果時會發現，像桃子、梅子、蕃茄、軟柿、杏等等水果，因為果皮較薄，很難剝皮，其實只要先在水果表皮劃上十字，浸入沸水30秒，再放入冷水中降溫，便可以輕易將整張皮撕下。經過滾水後，還能把表皮上的細菌消滅掉，是個一舉兩得的作法喔！

Step 1 劃上十字

Step 2 浸入沸水

Step 3 放入冷水

Step 4 輕鬆剝皮

26

DIY果醬的工具箱

　　水果本身是酸性的，使用的器具最好能抗酸，而且盡量選擇減少水果氧化的材質喔！

■ 銅鍋

因為銅導熱快的特性，也能使水果在鍋中受熱均勻，不易燒焦，是長時間熬煮果醬的最佳選擇，銅鍋缺點就是容易氧化。

銅鍋的清潔方式：使用食用醋和鹽以1:1的比例倒入銅鍋中，用軟刷輕輕地擦拭氧化的部份，銅鍋變亮後再以清水沖洗乾淨，將水份徹底擦乾後並保持乾燥。因為容易刮傷，需避免使用粗硬的刷子。

■ 不銹鋼厚底鍋

因銅鍋的清洗較不易，亦可使用厚底的不銹鋼鍋替代。這幾年流行的原味料理，所使用的就是厚底的不銹鋼鍋。另外，如果家裡只有薄的不銹鋼鍋，在烹煮過程中，需要常常攪拌，且注意火侯大小才能避免果醬燒焦喔！

■ 耐熱橡皮刮刀

果醬熬煮時，攪拌器材推薦使用白色的耐熱橡皮刮刀，攪拌時比較靈活，不會刮傷鍋具。橡皮刮刀應挑選可耐熱至200度以上的橡膠材質，市面上有分前半段耐熱橡膠和整隻耐熱橡膠兩種。前者較便宜，但在接合處不容易清洗，把柄不耐熱的塑膠則容易被高溫的鍋子燙傷熔化。

27

■ 木匙

若沒有耐熱橡皮刮刀也可選用較長的木匙來代替橡皮刮刀，價格比較便宜，但缺點為不易清洗、容易發霉以及容易刮傷鍋具，使用久了也有容易掉細木屑的問題。

■ 食物攪拌機

可將硬質或纖維粗的水果打碎成柔細狀。

■ 杓泡濾網

撈除雜質和泡末用，可選擇耐熱不銹鋼材質，網子間隙大約1mm x 1mm最適合好用。

■ 果醬匙

使用填充果醬的斜口湯匙比較方便裝填。

■ 寬口徑的漏斗

若沒有果醬匙也可以寬口徑的漏斗取代。寬口徑的漏斗，避免果醬果肉較多或較濃稠時，不會塞住。

■ 玻璃瓶、金屬瓶蓋

煮好的果醬需在高溫下裝罐。所以應選擇能耐熱玻璃罐和金屬瓶蓋。金屬瓶蓋內需要有一層密封膠，確保在封罐時可與外界完全隔離。

■耐熱手套

烤乾後的罐子和裝好的果醬瓶溫度皆很高,使用耐熱手套避免危險。

■杓量杯

塑膠或玻璃皆可,塑膠材質容易刮傷和殘留色素。

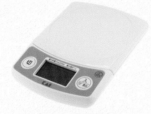

■電子磅秤

用來秤食材的重量。可選「最大秤重1～2kg範圍」的磅秤。

■消毒器具

果醬在裝罐前需要先將玻璃瓶及瓶蓋消毒後才能進行裝罐,一般常用的消毒器具有烤箱及湯鍋。

果醬達人蘿拉說:

使用烤箱前應先確實地將玻璃瓶及瓶蓋洗乾淨,再放入烤箱烘乾。烤箱大小不限,但應保持烤箱內部的清潔。並選擇可調整溫度、時間,並且有上下熱源的烤箱為佳。
若家中沒有烤箱,亦可使用湯鍋或較大的鍋子,先將玻璃瓶、瓶蓋用沸水煮15分鐘,再將玻璃瓶、瓶蓋拿出來晾乾即可使用。

chapter 2

果醬教室
上課囉！

LOLA MEMO

食譜中的配方比例都是可以自行調整變化的

水果本身的水份、糖度、酸度、風味不同，

做出的果醬都會有差異。

可以依照自己的味覺和喜好，

來增減配方的比例。

你可以在果醬水份收乾到快接近濃稠前，

試吃口味。若感覺不夠甜時，可以多加糖，

或者再煮久一些讓風味更濃縮。若感覺太甜時，

可以增加檸檬汁，平衡掉一些甜味。

在春天甦醒的果醬

經過一個冬天，沉睡好久的大地，像突然醒了過來，一下子長出了好多珍貴的水果草莓、梅子、李子、桑椹、枇杷。
大部份都是口感酸中帶微甜的，一下吃不了太多，不如做成果醬保存下來吧！

桑椹香蕉果醬

🥄**材料**
桑椹⋯200g
香蕉⋯300g
冰糖⋯200g
檸檬汁⋯10c.c.

34

果醬達人蘿拉說：

3、4月份的香蕉是一年之中品質最好的，搭配上桑椹，正好可以把這兩種水果，一年中最好吃的時刻保存下來。現代人長期接觸電腦和電視，對眼睛的負荷較大，桑椹中的維他命A和香蕉富含的鉀，可以減少眼睛的乾澀並且保護眼睛。

桑椹含有很高的鐵質和維他命C，對女生有補血和養顏美容的好處。桑椹大約在每年3至5月清明節前後採收，且採收時間約只有1個月，加上鮮果不容易保存，所以常常被做成桑椹汁、桑椹果醬和桑椹醋等等方式保存，才能解決產量過多的問題。

作法：

1. 將桑椹以清水清洗乾淨，去蒂。將桑椹、冰糖、檸檬汁混合後靜置冰箱四小時，待桑椹出水，放入鍋中開中火烹煮。

2. 香蕉去皮後切片，每片寬度大約3mm。

3. 煮至桑椹變軟且湯汁變多，放入香蕉片。

4. 烹煮過程中會產生許多的泡泡，要不斷地將這些泡泡撈起。之後，香蕉果肉會慢慢與桑椹汁融合，成為紫色果泥狀。

5. 可用耐熱刮刀輕刮鍋底，測試果醬的濃稠狀態。

6. 將果醬趁熱裝罐，倒置冷卻。

梅子果酱

材料
梅子…640g
冰糖…800g

果醬達人蘿拉說：

梅子在還沒成熟時是酸澀帶苦的青梅，成熟以後會變成軟黃的黃梅，雖然比較不澀但是酸度仍很高。梅子樹通常比人高不易採收。農民會在青梅時，用竹子敲打，讓它掉落在網子上，再收集起來。所以市面上不容易買到從樹上成熟的黃梅，大多是六、七分熟採下的青梅。通常買回來還需再放一段時間，讓它更成熟。

梅是杏的變種，做成果醬後，吃起來有點像國外的杏桃，風味也和平常吃到的梅子加工品不一樣。聞起它帶香和有點酸酸的味道，會讓人忍不住直吞口水。梅子是健康的「鹼」性食物，可以改善酸性體質成為鹼性，讓身體不容易生病。富含的枸櫞酸還可以幫助鈣質的吸收。做一罐梅子果醬放家中，保養身體吧！

作法：

1. 將梅子去皮（參考26頁水果輕鬆剝皮術教學）。

2. 用一個濾網，將梅子放入並且搗碎，濾網下放一個碗收集梅子果泥。

3. 將收集到的梅子果泥和冰糖放入鍋中，開中火烹煮，不斷地輕輕攪拌。

4. 在煮的過程中會產生許多的泡泡，要將泡泡撈起。

5. 待果醬煮到濃稠，即可關火。並趁熱裝罐，倒置冷卻。

紅肉李子果醬

材料
紅肉李…650g
水…120c.c.
紅酒…酌量
冰糖…200g
檸檬汁…20c.c.

果醬達人蘿拉說：

紅肉李子直接吃通常是酸澀口感中帶點甜味，除非特別喜歡酸又能忍受，否則比較難一顆接著一顆的吃。不妨把紅肉李帶有澀味的皮去掉，再切掉少許接近將帶酸的肉，剩下的便是典雅清甜又迷人的玫瑰色果肉了。

紅肉李含豐富醣類、維他命B、C、鈣、鈉等等，除了鮮食外，還可糖漬、鹽漬或加工製成果汁、果醬、蜜餞或釀酒。能解酒醒腦，增進食慾，防止便祕。且豐富的抗氧化劑可以抗老、養顏美容，不如把它當成養顏果醬，一邊享受味蕾的歡愉，也同時從體內做美容。

作法：

1. 先用去皮刀將紅肉李子去皮。

2. 將紅肉李切成塊狀，將紅肉李、冰糖、檸檬汁混合攪拌，置於冰箱4小時，直到果肉釋出水分。

3. 將食材放入鍋中，以中小火烹煮慢慢攪拌，並且將烹煮中產生的泡泡撈起。

4. 若水分不夠，可以適量加水熬煮，直到果肉變軟熟。確認濃稠度。

5. 最後可視個人的口感，適量地加入一點紅酒。

6. 再煮滾一次後即可關火，並趁熱裝罐，倒置冷卻。

香蕉百香果果醬

材料

香蕉…400g

百香果…220g

冰糖…150

檸檬汁…20c.c.

（百香果較酸可不加）

果醬達人蘿拉說：

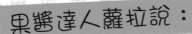

撇開品種和區域的不同，香蕉最好吃的季節大概是在每年的3、4月所採收的，此時正逢春天又稱為「春蕉」。因為經歷乾冷的冬天，成熟的速度是緩慢的，因而果肉含有較少的水份，風味也較濃郁。而百香果的芬香氣息和鮮黃的色彩，讓人不由得心情開朗，難怪中醫說可以解除鬱悶。

三餐老是在外的外食族，常常不小心就吃了過多的鈉，這時便可以用香蕉和百香果所富含的鉀來做平衡，降低高血壓的風險。但鉀對患有腎臟疾病的人會造成負擔，則不宜食用。

作法：

1. 先將百香果汁濾出。

2. 香蕉切成片狀，每片的寬度大約2mm左右。

3. 將香蕉片、冰糖、檸檬汁一起放入百香果汁中浸泡，並置於冰箱約4小時。

4. 將食材放入鍋中，開中火烹煮，輕輕地攪拌，並將烹煮過程中所產生的泡泡都撈起。

5. 可適量加入百香果籽點綴。

6. 待果醬煮至濃稠狀態即可關火，並趁熱裝罐，倒置冷卻。

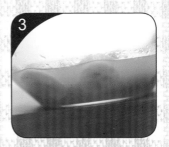

鳳梨檸檬果醬

材料
鳳梨…800g
檸檬皮絲…少許
檸檬汁…20c.c.
冰糖…100g
蘋果果膠…50g

果醬達人蘿拉說：

從小家人就都不愛吃鳳梨，因為吃完後，舌頭有種澀澀或是被割傷刺痛的感覺。每次媽媽切了鳳梨，總要三催四請才會有人吃，常常一盤鳳梨要分好幾餐才能吃的完。後來認識了種鳳梨的農友們才知道，原本刺嘴的鳳梨，是因為蛋白分解酵素在作祟，建議大家可以塗抹少許鹽巴在生鳳梨上食用。

鳳梨如果在兩餐中間或是餐前食用的話，容易使胃壁受損。此外，鳳梨還有治療便秘的功能，便秘的人可以在飯後吃鳳梨，腸裡的穢物會很容易地排出來，可是因為鳳梨作用力對腸胃吸收能力不好的人來說太強，在食用時需要多加留意份量。

作法：

1. 先將鳳梨削皮，磨碎，芯的部份捨去。

2. 用水果取皮器將檸檬皮刮下。

3. 將鳳梨果泥放入鍋中，加入冰糖、檸檬汁，開中火烹煮。

4. 待果醬接近濃縮前，再加入蘋果果膠，並且輕輕攪拌，過程中會有泡泡不斷產生，需將泡泡撈起。

5. 等到果醬濃稠，放入檸檬皮絲。

6. 再開中火煮滾一次後，即可關火，並趁熱裝罐，倒置冷卻。

LOLA MEMO

如何延長果醬保存期限

若希望果醬的保存時間越久，

可以增加糖的用量，或煮的更濃稠，

讓水份減少。增加檸檬汁（酸度）

的量也可以促進保存。相反的，

糖份低、水份多、不濃稠，

保存時間變短、也容易氧化變色。

在夏天綻放的果醬

炎炎夏日中所盛產的水果，既漂亮又香甜可口，芒果、香瓜、鳳梨、荔枝、水蜜桃，做成果醬，顏色既鮮豔又好吃。搭配夏天的輕食，沙拉、優格、麵包、三明治再適合不過。

百香果芒果果醬

材料

百香果…200g
芒果…400g
冰糖…150g
檸檬汁…10c.c.
（百香果較酸可不加）

果醬達人蘿拉說：

據說三百多年前，一位外國人到印度吃了芒果，便說「the apples of the Hesperides were nothing but fables to a ripe mano」（比起成熟的芒果，神話裡的蘋果只不過是個神話）來形容芒果好吃的程度。

夏日鮮黃甜芒果融入香氣四溢的百香果，含有豐富的蛋白質和維他命C等多種營養，鮮黃色澤的芒果，讓人胃口大開且具有飽足感，而百香果特有的芳香氣味，有刺激胃液分泌，促進食慾作用，在夏日食用有消暑解渴的功效。就讓我們將這兩個熱情的水果結合，做成不只是個神話的果醬吧。

作法：

1. 先以紗布袋濾出百香果汁。

2. 將芒果去皮，切2cm丁。

3. 百香果汁、芒果丁、冰糖混合，並置於冰箱約4小時。

4. 將食材倒入鍋中，開中火烹煮，將烹煮過程中所產生的泡泡都撈起。

5. 待果醬在刮刀上呈現慢慢滑落的狀態，即為濃稠，趁熱裝罐。

玫瑰花甜桃果醬

材料
玫瑰花…80g
甜桃…500g
檸檬汁…30c.c.
冰糖…200g
水…100g
蘋果果膠…50g

48

果醬達人蘿拉說：

之前研發時，總是到花店買新鮮的紅玫瑰來製作，直到口味確定沒有問題了，才開始尋找玫瑰花的來源，這時才知道，原來玫瑰有食用和觀賞用的區別，不知道當時吃進了多少農藥呢！回想起來真是非常的可怕……大家可以向信任的農場購買有機或無農藥的「食用級玫瑰花」，自己種植也是一個不錯的方式。

玫瑰外表色澤豔麗，內在功效更能達到養顏、活血、疏肝解鬱、預防便秘及暖胃的功效，加上味道甜美多汁的甜桃，實在是款讓人幸福滿點的果醬。另外，要提醒大家，玫瑰花瓣可別煮太久，會爛掉喔！

作法：

1. 將甜桃放入滾水中燙一下，再撈出放入冷水降溫，即可將甜桃的皮剝下。

2. 將甜桃切成小塊、玫瑰花清洗乾淨，剪成小片或不剪。

3. 將甜桃、檸檬汁、冰糖混合在一起，置入冰箱4小時。

4. 將材料由冰箱取出，直接放入鍋中開中火烹煮，過程中所產生的泡泡都要撈起。

5. 待桃子煮軟後，加入玫瑰花瓣。

6. 玫瑰花煮軟，並且顏色煮出來後，繼續煮到濃稠，即可關火裝罐。

荔枝葡萄果醬

材料

荔枝…500g

葡萄皮…500g

冰糖…150g

檸檬汁…40c.c.

蘋果果膠…50g

果醬達人蘿拉說：

這款果醬只用葡萄皮增色，完全保留住荔枝的香氣與甘美，所以不再加入其他的食材。
我小時候很愛吃荔枝，常常忍不住就吃很多，有天起床，眼睛竟然被眼屎黏住睜不開，
才知道上火了。如果擔心吃太多，加點冰開水和小蘇打當成汽水喝，也是一個品嚐荔枝
果醬鮮美的好法子。

荔枝對脾胃和肝臟都有助益，能生津止渴、消除疲勞，並能在很短的時間內補充熱能，
讓體力及早恢復。不過經常口瘡唇疹、面皰痘疹、口臭、流鼻血、牙齦出血、焦躁不安
的人最好少吃，若一時禁不起誘惑吃多了而出現胃脹、腹痛、頭昏眼花的症狀，趕快取
荔枝殼煮茶喝，可以消脹止暈喔。

作法：

1. 將荔枝去皮去籽，撥成條狀，取葡萄皮備用。

2. 將葡萄皮和水一起放入鍋中煮，直到顏色煮出來後即可撈出葡萄皮。

3. 加入荔汁果肉，冰糖、檸檬汁，開中火烹煮。

4. 過程中會產生許多的泡泡，需將泡泡撈起。

5. 待煮滾之後再加入蘋果果膠，持續用中火烹煮，並且用刮刀慢慢攪拌。

6. 用耐熱刮刀輕刮鍋底，若感覺濃稠或湯汁變少，即可關火，並趁熱裝罐，倒置
   冷卻。

黃檸檬果醬

🥄材料
進口黃檸檬⋯6個
冰糖⋯600g

果醬達人蘿拉說：

第一次吃到的手工果醬是國外的檸檬果醬，還記得那時候吃到檸檬的香味，以為是加了香精，看了包裝背後的成份，只有天然食材，才知道是檸檬天然的香氣。因此開始對天然的手工果醬愛不釋手。

剛開始買了台灣的「綠檸檬」做果醬，做了數十次，無論如何就是做不出有香氣的檸檬果醬。後來才知道市場隨意可見的綠色果子，正確的名稱其實是『萊姆』（lime），被誤認為是萊姆的進口黃檸檬，實際上才是『檸檬』（lemon）呢！

作法：

1. 先將黃檸檬切半，榨成汁，把剩餘果皮再次切半，連同白色薄膜從果皮取下。

2. 將果皮切成0.5cm寬的條狀用一紗布袋，將白色薄膜與籽一同裝入，以棉繩將紗布袋綁緊，備用。

3. 切好的果皮放入鍋中，加入1000c.c.冷水熬煮1～2小時，當煮沸的水變為較深的黃色時，需換水繼續熬煮，大約重覆2次。

4. 直到果皮沒有苦味、軟化並呈現透明狀，即可撈起用冷水沖涼瀝乾。

5. 將檸檬果汁、冰糖倒入鍋中，煮滾到糖融化，加入紗布袋和煮軟的果肉中火熬煮。

6. 將烹煮過程中所產生的泡泡都撈起，直到濃稠，取出紗布袋，關火即可，並趁熱裝罐，倒置冷卻。

檸檬凝乳抹醬

🥄 **材料**

檸檬…3顆

無鹽奶油…100g

蛋…2顆

糖粉…240g

果醬達人蘿拉說：

凝乳就是利用蛋白和果酸結合成稠稠的乳醬。在英國，凝乳是下午茶重要的配角，幾乎和奶油及果醬等同地位。也是歐美系家庭中重要的早餐必備食物。

檸檬凝乳，又稱為檸檬蛋醬，酸甜的口感，有檸檬的清新和蛋的香醇，組合起來非常的美味。蛋醬，是利用檸檬的酸度和蛋凝結成濃稠乳狀。也可以使用其他有酸度的水果，如：百香果、葡萄柚、橘子等等，製成各式各樣的蛋醬。材料與作法和一般果醬不同，因蛋加熱後，容易變成蛋花的狀態，所以蛋醬常使用隔水加熱的作法，讓加熱的溫度不會太快也不會太高。

作法：

1. 先將檸檬皮絲取下，並擠出檸檬汁。
2. 將檸檬皮絲與糖粉充份地均勻混合。
3. 用濾網將檸檬汁的渣濾除。
4. 將混合好的檸檬汁及檸檬皮絲及糖粉放入玻璃碗用隔水加熱的方式烹煮，開中火並輕輕攪拌至糖粉溶化。
5. 加入蛋汁，並用濾網將蛋的雜質濾除。
6. 轉為小火，不斷地耐心攪拌，慢慢煮至濃稠即可。

LOLA MEMO

如何處理果肉軟、纖維細的水果

軟柿、香蕉、無花果、桃、草莓等等，

果肉較軟、纖維細的水果：

因為容易煮軟，如果希望成品含有果肉，

可以切大一些的塊狀，或減少熬煮的時間，

讓水果不至於熬煮完即呈糊狀。

如果希望成品是泥狀，

可以先將水果磨成泥，或者切細碎狀。

在秋天舞蹈的果醬

秋天到了，天氣涼爽舒服，不妨安排假日到各處走走，品嚐當季的「秋果」，再看看自然的美景。旅途的美景，留在記憶裡慢慢回憶。至於帶回的水果戰利品，就做成果醬吧！也是另一種旅行的紀錄方式。

甜柿薑末果醬

果醬達人蘿拉說：

有一年，受邀到苗栗泰安的象鼻部落，教原住民朋友用當地甜柿製作果醬。因那裡的海拔高，所以種出的甜柿品質風味很好，大家很簡單就做出了好吃的果醬。那天爸爸與媽媽也充當學生DIY製作果醬，沒想到的是爸爸玩出了興趣，回家之後自掏腰包買了好多的甜柿，製作果醬送給親朋好友，吃過的親友人人都誇讚。

秋季是柿子的收穫季節，光看就令人垂涎，甚至有「一旦柿子紅了，醫師們的臉就綠了」的美譽。但要切記不要空腹吃柿子，因為柿子中的鞣酸、果膠等成分會在胃酸的作用下形成硬塊，無法排出時就會滯留在胃中成了胃柿石。

作法：

1. 先將甜柿去皮，磨泥。
2. 將果泥、檸檬汁、冰糖放入鍋中，開中火烹煮。
3. 將烹煮過程中所產生的泡泡都撈起。
4. 待果醬煮至濃稠狀態，可用耐熱刮刀輕刮鍋底試試看濃稠狀態。
5. 試吃一下，如果味道較甜，也可磨一些薑末，提升風味降低甜膩感，趁熱裝罐，倒置冷卻。

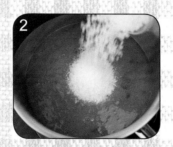
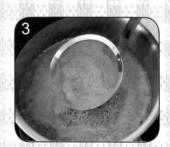

無花果肉桂果醬

🥄 材料
無花果…500g
肉桂棒…1枝
檸檬汁…20c.c.
冰糖…100g

60

果醬達人蘿拉說：

常常在國外的甜點食譜中看到無花果的蹤跡，一直以為無花果是國外才有的水果，直到幾年前，爸爸在家裡陽台種了一盆無花果，才有機會嚐到它清甜的滋味。無花果的甜度高，吃起來容易甜膩所以常會加入肉桂，中和甜味。較排斥肉桂的人，可以用肉桂棒取代肉桂粉，香氣不會這麼刺激。無花果含有豐富的葡萄糖和果糖，因此糖度高，很適合以不加糖的方式，做成無糖果醬。

在日本，無花果產品包裝上均印有「健康食品」、「美容宣傳」字樣。它所含的果膠和纖維，遇水會膨脹，能吸附腸道內的有毒物質，科學家發現，經常食用無花果的南美洲居民，癌症發病率較低。它的抗癌功效得到世界各國公認，被譽為「21世紀人類健康守護神」。

作法：

1. 先將無花果削皮。

2. 將無花果切塊。

3. 將切塊的無花果肉、冰糖、檸檬汁放入鍋中，開中火烹煮，將烹煮過程中所產生的泡泡都撈起。

4. 待果肉煮軟，加入肉桂棒，用刮刀輕輕攪勻。待肉桂入味，即可先撈起。

5. 果醬煮至濃稠狀態即可關火，趁熱裝罐，倒置冷卻。

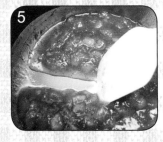

奇異果果醬

材料
奇異果…500g
冰糖…150g
檸檬汁…10c.c.
（視奇異果甜度酌量加入）

果醬達人蘿拉說：

這款奇異果醬捨棄扎實的果肉感，並且在處理的過程中，去掉了大部份的籽，呈現出奇異果柔細綿滑的口感，看似普通，入口後酸甜的滋味，夏天吃起來非常的爽口舒服。

記得，之前和鴻仁兩人剛開始製作這款果醬時，因為去除了籽的部份，所以常會丟掉很多的籽，因為心疼食物的浪費，有次，和鴻仁兩人一口氣的把挖出來的籽都吃光。結果兩人不約而同的在當天晚上拉肚子，後來我們得到了一個結論：奇異果籽有幫助排洩的功能，是非常好的天然瀉藥。

作法：

1. 先將奇異果削皮、將果心挖出後，將奇異果磨成泥。

2. 分離果肉與籽。

3. 將果泥、冰糖放入鍋中，開中火烹煮，並且輕輕地攪拌。

4. 將烹煮過程中所產生的泡泡都撈起。

5. 煮至濃稠後，可先嚐嚐味道，若太甜可適量加些檸檬汁調整口感。

6. 將奇異果的籽放入一部份點綴，再開中火煮滾一次後即可關火，趁熱裝罐，倒置冷卻。

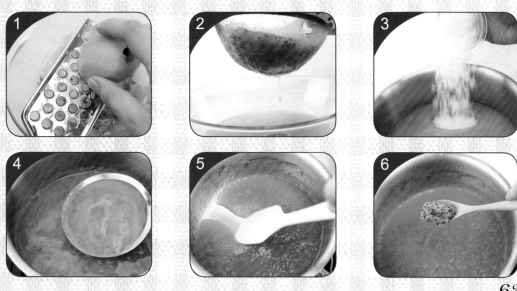

桂花蘋果蜂蜜果醬

材料
桂花…少許
蘋果…400g
蜂蜜…60g
冰糖…150g
檸檬汁…30g

61

果醬達人蘿拉說：

台灣蘋果的產季大約從八、九月開始陸續採收，到十月底接近尾聲，此時正逢桂花盛開的秋季，淡雅的桂花，通常在中秋節前會開滿整樹，相當詩情畫意。秋意濃厚的花香與蘋果的組合，再淋上些許蜂蜜增添風味，就成了這款秋天的果醬。

而蜂蜜的營養素容易在高溫下被破壞，建議在果醬濃縮完成、裝罐前再加入，利用果醬餘溫拌勻蜂蜜最好。而乾燥桂花也可以自己DIY，將新鮮桂花洗淨、晾乾，以烤箱80度烘烤5分鐘，取出放涼，再放入烤箱，重覆數次，直到花瓣乾燥，即可密封保存。

作法：

1. 先將蘋果削皮，去除芯和頭尾，切成1cm大小的丁狀。

2. 切蘋果丁的同時，可把已處理好的蘋果丁先混合糖和檸檬汁，防止蘋果氧化。

3. 蘋果丁醃糖浸泡出水或隔夜後，倒入鍋中開中火烹煮，並且輕輕攪拌，將烹煮過程中所產生的泡泡都撈起。

4. 以刮刀測試是否煮軟到可以輕易地切斷果肉，待確認果肉煮軟後，即可加入蜂蜜。

5. 果醬濃稠後，加入桂花調整味道，再次煮滾後即可。

65

木瓜椰奶果醬

材料
木瓜…600g
椰奶…60g
冰糖…40g

66

果醬達人蘿拉說：

木瓜一年四季都有生產，量產期在八至十一月份，這時期的木瓜甜度高，香氣濃厚，品質最佳，也最好吃。我們常聽到木瓜可以豐胸，因木瓜含有豐富的木瓜酵素，可以幫助乳腺暢通，增加乳汁分泌。木瓜含有17種氨基酸和多種維他命、礦物質，營養豐富，可以補足人體所需。

由椰肉磨碎製成的「椰漿」，有很豐富的飽和脂肪酸，因不含膽固醇，不會造成心血管疾病。它所富含的月桂酸，可以對抗身體的病毒和細菌，保護健康，並且有加速新陳代謝，幫助減重的優點。

作法：

1. 先將木瓜去皮、去籽，切成1cm的丁狀。
2. 將木瓜、冰糖、椰奶混合之後，置入冰箱4小時。
3. 將冰箱食材取出，放入鍋中以中火烹煮，並不斷地輕輕攪拌。
4. 用耐熱刮刀輕刮鍋底，若感覺濃稠即可。

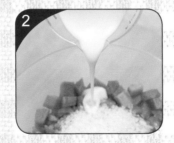

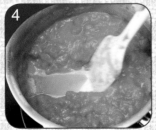

LOLA MEMO

如何處理果肉硬、纖維粗的水果

蘋果、鳳梨、梨、李子等等，

果肉較硬或纖維粗的水果：因為不易煮軟，

如果希望成品含有果肉，

可以切扇形或一公分左右的塊狀，

並且先以糖和檸檬汁浸泡，

讓水果容易煮透，減少熬煮的時間，

來保有果肉感。如果希望成品是泥狀，

可以事先將水果磨成泥，或者切細碎狀，

經過熬煮，細碎的果肉會慢慢融化成泥。

在冬天歌唱的果醬

從市場裡開始看到橘子、柳丁、金棗紛紛出籠，也代表冬天到了。天氣又濕又冷，吃著酸酸的柑橘水果好像感覺特別冷，不如把它與果皮一起熬成醬。感覺冷的時候，沖一壺熱熱的水果茶，溫暖一下身體，順便預防感冒。

百香果柳橙果醬

材料
百香果汁…200c.c.
柳橙…5顆
冰糖…200c.c.
檸檬汁…10c.c.
(視百香果酸度而定)

果醬達人蘿拉說：

百香果特有的芳香氣味有刺激胃液分泌，促進食慾作用，且其酸甜的味道，能生津止渴，在夏日飲用有消暑解渴功效。百香果甚酸，胃酸過多或胃發炎者不宜多吃；百香果含鉀量亦高，腎功能異常者，特別是尿毒患者，不宜進食。

處理百香果時，需小心的將大部分的百香果籽剔除，只留下一些做裝飾即可。因為百香果籽在加熱過後會變脆，吃起來不舒服，放太多也影響果醬的美觀，所以多花了一些時間將過多的籽剔除。在製作這款百香果柳橙果醬的時候，常常心情都是非常開心的，百香果濃郁的香味、兩種水果明亮的鮮黃色澤，準備食材時，心情不自覺的就像被陽光照著一樣開朗，這也是煮果醬開心的地方。

作法：

1. 先將百香果汁濾出；把柳橙皮削下

2. 果肉取出，將果囊用棉濾袋包起來。

3. 把柳橙皮切成條狀，放入盛滿水的鍋中開大火煮20分鐘後，換水再煮20分鐘。

4. 將百香果汁、柳橙果肉、棉濾袋、柳橙果皮、冰糖、檸檬汁一起放入鍋中。開中火烹煮，並且輕輕攪拌，將烹煮過程中所產生的泡泡都撈起，直到果醬烹煮至濃稠狀態。

5. 可加入一些百香果籽，點綴果醬後，煮滾即可。

鮮草莓果醬

材料
草莓…500g
檸檬汁…30c.c
冰糖…150g

果醬達人蘿拉說：

每到草莓季，大街小巷水果店，麵包店，超商到處都能看到草莓的芳蹤，那美麗的紅，總讓人心情雀躍。一開始製作果醬時，原本希望保有整顆草莓的完整的果型，但果醬隨著時間卻慢慢褪成白色，最後只好犧牲完整果型的狀態，才減少了褪色的情形。而挑選小顆的草莓，煮出來的果醬會比較漂亮喔！

草莓含豐富的維生素C、纖維質，不僅甜蜜可口，而且熱量極低，可保持苗條身材。此外，有重要的鞣花酸，能防癌、抗癌。鞣花酸只在草莓、櫻桃和葡萄中蘊含，可以消除人工及天然形成致癌物的作用，預防它們將正常的細胞轉變成癌細胞。

作法：

1. 將草莓洗乾淨，去蒂，切成兩半。
2. 把處理好的草莓加入冰糖、檸檬汁混合均勻後，置入冰箱4小時。
3. 將食材倒入鍋中，開中火烹煮，並且輕輕攪拌。烹煮過程中所產生的泡泡都撈起來。
4. 用耐熱刮刀輕刮鍋底，若感覺濃稠，即可關火。
5. 趁熱裝罐，倒置冷卻。

蕃茄果醬

材料
蕃茄…500c.c.
檸檬汁…25c.c.
冰糖…100c.c.

果醬達人蘿拉說：

前幾年，蕃茄的「茄紅素」曾經在國內掀起一股減肥潮，有飲料公司趁著熱潮，把過去帶有鹹味的蕃茄汁改良，變成微甜的新鮮口感，因而大受好評。如果，平常吃多了蕃茄炒蛋，不妨把它製成果醬，改變吃法，換一種享受吧！

蕃茄中的茄紅素，除了可以將膽固醇排除體外，還有抗氧化、抑制黑色素生成使皮膚白皙的功能。經實驗證明還可以對抗癌症。但是這麼多的好處，都需要先將蕃茄煮過，才能讓茄紅素的含量更豐富，且更能被人體吸收。

作法：

1. 先將蕃茄去皮。（參考26頁水果輕鬆剝皮法）

2. 將蕃茄對切，把籽取出。再對切分成四等份。

3. 加入冰糖、檸檬汁置入冰箱4個小時以上。

4. 從冰箱取出食材，先將汁濾出，開中火烹煮，過程中產生的泡泡都要撈起。

5. 待濃稠後，再將蕃茄果肉放入，開中火再烹煮，過程中產生的泡泡都要撈起。

6. 最後用刮刀測試濃稠即可關火，趁熱裝罐，倒置冷卻。

葡萄果醬

🥄 材料
葡萄…1000g
冰糖…150g
檸檬汁…30c.c.
蘋果果膠…120g

果醬達人蘿拉說：

從前對葡萄果醬的印象，大多是香精及濃縮葡萄汁的味道，感覺很不天然，有別於市售果醬，我希望以保留葡萄清爽的天然風味為主，果醬漂亮的色澤，是利用葡萄皮含有的花青素所煮出來的。

葡萄從外皮、果肉到籽都能食用，除了有健全腸胃的功效，還可以促進食慾、幫助消化和預防貧血，增強孩子的體力。而上班族群的工作壓力、睡眠不足的困擾，多數人都會呈現慢性腦部疲乏的狀態，這時候葡萄果肉中含有的特殊胺基酸，就有助於提升腦機能。

作法：

1. 把葡萄的果肉、果皮及葡萄籽分開。
2. 將水與葡萄皮一起煮，把水的顏色煮深後，即可撈出葡萄皮。
3. 隨後加入冰糖、檸檬汁、葡萄果肉。
4. 開中火，過程中會產生許多的泡泡，都要將泡泡撈出，加入蘋果果膠。
5. 最後煮至濃稠即可起鍋。

77

芭樂果醬

🥄 材料
芭樂…450g
檸檬汁…15c.c.
冰糖…200g

果醬達人蘿拉說：

還記得小時候，最喜歡爬到爺爺種的芭樂樹上，採又軟又香甜的「土芭樂」。最喜歡它軟熟時，帶有的香氣和甜味。爺爺的芭樂樹上，有時可看見鳥窩，也許是甜美的果實吸引它們在此築巢，有時果實成熟後稍不注意，就被小鳥捷足先登了。

芭樂的營養價值很高，它富含灰質、鐵、鈣、磷及維他命A、C，有治糖尿病、止瀉，消除食滯的功效，同時也是天然的鎮定劑，可以減緩焦慮不安的情緒。在國外，香甜的芭樂常用來搭配cream cheese，成為一道甜點或餡料。

作法：

1. 將芭樂洗淨後，削去綠皮。以刀子去頭與尾，並用湯匙挖去芯的部份。

2. 將挖出的芯，去除籽，保留柔軟的肉。

3. 將芭樂果肉切1cm丁狀，加入柔軟的肉、冰糖、檸檬汁，輕輕攪拌均勻後，置入冰箱4小時以上。

4. 將食材由冰箱取出，倒入鍋中開中火烹煮，並且輕輕攪拌，烹煮過程中所產生的泡泡都要撈起來。

5. 若湯汁快收乾，果肉仍未煮軟可以加水繼續熬煮。用耐熱刮刀輕刮鍋底，若感覺濃稠，即可。

LOLA MEMO

有機農業

屬於一種不污染環境、不破壞生態，

並能提供消費者健康與安全農產品的生產方式。

長久以來，隨著科技進步、商業發達，

食品從種植到量產，都經過了基因改造及

化學加工，為了追求經濟利益，

而忽略了這些化學物質對人體及環境的影響及

潛在傷害，而近年來，對環保及健康飲食的

意識漸漸抬頭，各國已經有立法嚴格的

認證標準，供消費者辨識。

不分四季繽紛的果醬

水果可以用製作果醬的方式，把最好的那一刻保存下來。那除了水果呢？最愛的茶飲、咖啡、牛奶、甜點、花草、豆類、穀物……都可以運用無限的想像，加入糖，再加一些些愛心，通通熬成醬，保存在瓶子裡，想到的時候拿出來細細品嚐。

印度奶茶抹醬

材料

阿薩姆紅茶包…5包

水…100c.c.

冰糖…300g

鮮奶油…200g

鮮奶…300g

丁香…少許

肉桂…少許

荳蔻…少許

果醬達人蘿拉說：

「印度」是生產紅茶主要的國家，人民愛喝奶茶的程度，就像喝水一樣。在台南唸書的時候，曾在一間印度餐廳喝到加了肉桂的印度奶茶，肉桂棒的味道加上奶香茶香，搭配的恰到好處。原本害怕肉桂的我，居然毫不排斥。

「Masala」，印度料理的第一關鍵字，意思是一綜合香料。沒有特定的配方，依據不同地方、不同師傅隨性調配出各自的組合。Masala Chai是以紅茶和牛奶一起沖煮成奶茶後，加入研成粉末的胡椒、肉桂、薑、荳蔻、丁香等等香料和糖一起調和而成的茶飲，濃郁的奶茶香裡，洋溢著馥郁的香料香，讓人久久無法忘懷～

作法：

1. 先將紅茶包，沖泡熱水。

2. 將鮮奶、鮮奶油與冰糖一起放入鍋中，開中火烹煮，過程中需不斷地輕輕攪拌直到煮滾。

3. 當鍋中食材煮滾後，便可加入沖好的紅茶，開中火繼續熬煮。

4. 待煮到較濃稠時，加入少量肉桂粉、丁香粉、荳蔻粉，邊加入邊嚐味道，香料的份量視個人口感而定。

5. 最後從冷凍庫拿出冷盤，測試濃稠度即可。

蘭姆葡萄玄米醬

🥄**材料**
玄米 (或糙米)⋯100g
水⋯250g
葡萄乾⋯80g
蘭姆酒 (能醃到葡萄乾即可)
冰糖⋯50g　黑糖⋯20g
鮮奶⋯200g
鮮奶油⋯40c.c.

84

果醬達人蘿拉說：

「蘭姆」是由甘蔗提煉而來的，常用來調酒或搭配香蕉、葡萄、巧克力、鮮奶油等食材，因為它能帶來香醇的風味。平民化的葡萄乾經過蘭姆酒浸泡後，馬上就升級成「高級」的口味，且作法取材都非常容易，大家一定要動手做喔。

以米布丁的做法當基底，加入酒漬葡萄，提升口感層次，原本稍微甜膩的米布丁多了微醺的蘭姆後，正好平衡掉甜味成為一款擁有「高級」口感的米布丁抹醬。

作法：

1. 將葡萄乾浸泡蘭姆酒。

2. 把玄米用電鍋煮熟。

3. 將煮熟的玄米加入鮮奶後 以食物攪碎器打碎。

4. 將玄米及鮮奶油倒入鍋中以小火煮滾後，加入冰糖、黑糖和葡萄乾，開小火繼續熬煮。

5. 直到以刮刀測試呈現濃稠。

6. 倒入適量蘭姆酒，再滾一下即可。

焦糖抹醬

材料

冰糖…360g

鮮奶油…300g

水…150g

果醬達人蘿拉說：

焦糖醬，在國外是很普遍的醬料，常常被用在甜點、蛋糕和冰淇淋等料理中。煮焦後的糖，趁熱加入香醇的牛奶或鮮奶油，就成了帶有焦糖香和牛奶香醇風味的醬料。大家可以在學會之後，再依照自己喜歡的口味製作，加入各種堅果、香料、水果等不同食材。煮焦糖時要很注意糖的變化，火候要均勻的分布在鍋底，不能太小，也不可以攪拌，否則使糖產生結晶就失敗了。可以使用溫度計測量到120度，或者目測到咖啡色之前，就要快速的加入牛奶融合，並注意糖太焦，會產生苦味。而且使用容器要大，預留焦糖和鮮奶油混合時膨脹的高度，進行中務必帶手套，以免混和時被高溫的水蒸氣燙傷。

作法：

1. 將糖和水放入鍋中，鍋底的糖要均勻分布，開中火烹煮。

2. 另一個鍋子裝鮮奶油，也同樣用中火煮滾，即可關小火維持熱度。

3. 當糖煮到變顏色的時候，可搖動鍋子讓糖搖均，不要用器具攪拌。

4. 等到顏色變成深褐色，迅速倒入鮮奶油。這時候整鍋的食材會瞬間地膨脹，要用耐熱刮刀不停地攪拌直到均勻為止。

5. 將抹醬倒入一個玻璃碗裡，並將碗外面放著冷水，退溫。

6. 不停地攪拌到焦糖冷卻。待焦糖冷卻，即可裝罐。

紅豆牛奶抹醬

材料
紅豆…200g
鮮奶油…100g
冰糖…300g

果醬達人蘿拉說：

製作這款果醬時，正值寒冷的冬天，媽媽常叮嚀要多吃紅豆補血，所以才想以紅豆作為食材，讓女生用品嚐甜點的好心情食用，還能補充營養讓氣色變好，對抗寒冷的冬天。

紅豆好吃的關鍵是，要煮得綿密。如果沒有把紅豆煮軟，紅豆的味道就不容易釋放出來，口感硬澀而難以下嚥。可以把洗好的紅豆先挑選過，再用冷水浸泡2至3個小時，等紅豆吸水變得飽滿後，再以小火或電鍋慢慢悶熟，直到軟熟。時間的掌握，要看紅豆新鮮的程度而定，越新鮮的紅豆保有越多的水份，越容易煮熟。

作法：

1. 先將紅豆洗乾淨，浸泡兩個小時後，放入鍋中，以細火慢煮直到紅豆熟透。

2. 待紅豆煮熟，可用食物攪拌機打碎。

3. 加入冰糖，開中火烹煮，並且輕輕攪拌，烹煮過程中所產生的泡泡都撈起來。

4. 待紅豆煮到濃稠，再加入鮮奶油，再開中火繼續烹煮到濃稠。

5. 可以耐熱刮刀推擠果醬，被推擠的部份表面若產生皺折，表示抹醬已經濃稠。

咖啡香草抹醬

🥄 **材料**

新鮮咖啡豆⋯5匙

香草豆莢⋯1根

冰糖⋯300g

鮮奶油⋯400g

水⋯600g

果醬達人蘿拉說：

這幾年台灣人盛行喝咖啡，街上咖啡店一間間開張，在便利商店外帶咖啡也成了一個風潮。和朋友們聚餐時，大家紛紛跟著流行點咖啡當飲料，自己因有喝完產生心悸的經驗而不敢喝，朋友笑我像個老人，跟不上潮流。

把咖啡做成抹醬，我選擇加入香草增添香氣，香草豆莢中，佈滿許多密密麻麻的小豆子，氣味香甜，常用在冰淇淋、咖啡、甜點中。只要加入一些些在料理中，就能讓食物充滿香甜的氣味。因為摘種過程，需要用到大量人工，所以價格不便宜。

作法：

1. 先將鮮奶油混入冰糖，小火熬煮。
2. 待濃稠後，加入沖泡好的咖啡中火熬煮。
3. 取出一根香草豆莢以刀子由側面切開，用刀背刮出香草籽，放入鍋中。
4. 持續煮直到起泡後，撈除泡沫。
5. 從冷凍庫中取出冷盤，測試是否濃稠即可裝罐。

簡單樂活咖啡沖泡法

基本配備：
手動咖啡磨豆機
陶磁濾杯
法蘭絨濾網（濾紙亦可）
細嘴水壺
咖啡壺
馬克杯

材料
新鮮咖啡豆…5匙
水…600g

果醬達人蘿拉說：

前陣子，認識一位嗜咖啡如命的新朋友，請教她關於咖啡的常識，才知道原來並不一定要有咖啡館那樣動輒數十萬的機器才能泡出好咖啡，一些簡單的器具、好一點的咖啡豆，就能沖出一杯香淳咖啡。

對於「真正懂咖啡」的愛好者，也許還有更多需講究的細節，但在這裡僅以初學者的角度來介紹，分享朋友傳授的LOHAS咖啡作法，讓不懂咖啡的人，也可以享受品味咖啡的樂趣。

作法：

1. 以研磨器將新鮮咖啡豆磨碎。

2. 磨好的咖啡粉倒入濾網中。

3. 以細嘴水壺垂直緩緩的注入熱水於咖啡粉上，以不會濺起水花為準。注水過程由中心向外螺旋畫圈，再由外向中心螺旋畫圈直到中心。

4. 等熱水緩緩從濾杯中流下，最後咖啡粉會呈現產生一個孔洞，就是一壺香濃的黑咖啡。

Chapter 3

果醬教室
的午茶時間

LOLA MEMO

有機食物的必備條件

1. 農作種植的水源、土壤與原料、

肥料必須符合有機農業標準。

2. 生產、收成及加工過程不得使用殺蟲劑、

合成（化學）肥料、農藥、化學添加物。

3. 土壤必須休耕三年。

4. 食物不得經過任何基因工程改造。

5. 必須通過政府機構的管制與認證。

天然果醬嘗鮮吃法DIY

在國外，果醬幾乎是人人家中必備的美食。外國人愛吃果醬，不僅拿果醬來做甜點、泡水果茶、甚至可以用來做菜。而在台灣，果醬大多只被拿來塗抹土司，真是太辜負果醬的美味了。因此，蘿拉希望能分享一些果醬的吃法，希望大家也能與蘿拉一起愛上果醬的美好滋味。

鮮果麵包

一天的開始，在餐桌擺上幾種色彩繽紛的新鮮果醬，搭配早餐，心情不由得，愉快又充滿朝氣。

玫瑰花瓣蜜桃優格

原味優格，淋上數匙玫瑰花甜桃醬，品嚐「花香」
與「桃果香」。

99

甜蜜蕃茄手工餅乾

午茶、嘴饞，烤幾片手工餅乾，少許蕃茄蜜果點綴，增加味蕾享受。

芒果百香果冰

炎炎夏日，準備一碗清冰，淋上芒果百香果醬，涼
快消暑。

鮮果蒟蒻

蒟蒻清洗乾淨，瀝乾水份，切成適口大小，
佐上果醬。

甜柿薑末蘇打餅乾

鹹鹹的蘇打餅配上甜柿果醬，
奇妙的滋味值得一試。

生菜沙拉佐果醬

清涼酸甜的水果沙拉,搭上健康無負擔的天然果醬,創造新口感。

天然果醬甜品DIY

除了有不一樣的吃法外，果醬還能應用在各種點心，延伸美味，成為一道道溫馨的小甜點喔～在這裡蘿拉示範幾種教學，大家也可以發揮創意，研發更多不一樣的美味呢！

玫瑰花甜桃茶

材料
紅茶包…1包(綠茶/高
山茶亦可)
熱水…700c.c.
玫瑰花甜桃果醬…數匙

作法：

1. 用熱水沖泡茶包，稍入味即可。

2. 取出茶包，拌入數匙玫瑰花甜桃醬。

3. 靜待果醬與茶融合，隨著時間過去，
玫瑰與桃的香氣會逐漸釋放到茶中。

葡萄果醬冰淇淋

材料
葡萄果醬…50g
鮮奶油…80g
牛奶…70g

作法：

1. 動物性鮮奶油用電動攪拌器打到濃稠狀。
2. 將牛奶和果醬一同打融合。
3. 1+2 拌勻，放入冷凍庫。
4. 每隔1小時從冰庫取出攪拌，重覆4、5次，再放回冷凍庫，即可。

草莓果醬乳酪蛋糕

材料
奶油起士…120g
無糖優格…100g
草莓果醬…100g
鮮奶油…10g
低筋麵粉…12g
蘭姆酒…少許

蛋白霜材料
糖…20g
蛋白…2個

作法：

1. 將奶油起士攪拌到光滑柔軟，依序分別加入優格、草莓醬、鮮奶油、低筋麵粉、蘭姆酒，每次都需分別攪拌均勻，再放下一樣材料。

2. 另外將蛋白打出泡沫，再將糖分2次加入糖，一直打到用打蛋器拉起，可以立起像鳥嘴一般的形狀即為蛋白霜。

3. 將蛋白霜分次加入1.的麵糊中攪拌均勻。

4. 烤盤放半滿水，放進烤箱轉上下火190度10分鐘，預熱烤箱。

5. 蛋糕模均勻塗上橄欖油，並鋪上烤紙。

6. 將3.材料倒入蛋糕模中，並將材料修飾抹平。放入預熱好的烤箱，先開上火190度烤20分鐘，再以100度烤20分鐘。

7. 之後，置於烤箱中，直到冷卻，再取出放進冷凍庫4小時，即可脫模取出。

果醬達人蘿拉說：

在這裡提醒大家幾個要注意的地方喔！

- 奶油起士和蛋，先放室溫退冰。
- 無糖優格先用紗布瀝出水份。
- 低筋麵粉先過篩。

原味煎餅佐果醬

材料

雞蛋…3顆

牛奶…700c.c.

中筋麵粉…450g

糖…少許

鹽…少許

橄欖油…少許

作法：

1. 先用打蛋器將雞蛋和牛奶打均勻。

2. 慢慢加入中筋麵粉，攪拌均勻，到沒有顆粒的糊狀。

3. 再依個人口味加上糖和少許鹽，攪拌均勻。

4. 準備不沾平底鍋，均勻塗抹一層油在鍋面。

5. 開中小火，熱鍋。

6. 依自己喜歡的大小，放入麵糊，一邊煎一邊檢查底部的餅色，若呈煎餅色迅速翻面。

7. 稍等一下，底部稍微上色，就可起鍋。

8. 重覆6～7步驟，直到煎完足夠的份量。

果醬達人蘿拉說：

• 在放入麵糊之前，可滴少許麵糊測試，若麵糊呈白色，則火侯不夠；反之，麵糊呈煎餅色，熱鍋完成。

• 若煎較多數量，要再補擦油。

chapter 4

蘿拉與天然
果醬的相遇

生活中我有兩位朋友，

一位是蘿拉果醬的夥伴一鴻仁，

來自東部的孩子，他帶給我大膽無拘束的思

維；另一位是「蘿拉果醬」，它讓我走遍臺

灣這塊土地，認識許多默默保護這片土地的

人。我們從一開始單純的想創業，到後來創

造了天然的果醬。

故事的開端

　　「喔！你不知道，國小時，我們班有三分之一都是原住民，每次到運動
會，各種運動項目都是他們全包。」鴻仁誇張的說，好像有一份對自己出生
在台東的驕傲，又有一種戲謔自身客家基因比不過原住民小孩運動細胞的模
樣。就在鴻仁小時候，無限的可能深植在他的細胞內，鴻仁是蘿拉果醬最佳
的伙伴。

　　我們在不同的地方成長，鴻仁出生在太平洋邊 ─ 台東池上鄉，我則在苗
栗的客家小鎮成長。鴻仁的爺爺是苗栗南庄客家人，從西部到東部開墾，帶

著一家人，遷移到台東。鴻仁在這裡出生長大，讀完國中，就離開家鄉，獨自前往花蓮讀高職，考上苗栗的二專。二專畢業後，在外求職受挫，所以那時下定決心要好好讀書，又重新考上苗栗的二技。我則在讀完高職後，前往台南唸大學。

大學畢業後我回到苗栗，鴻仁還在苗栗唸書。我們就像幾米繪本《向左走·向右走》的兩個人，離開苗栗後，卻又在苗栗相遇。那時，為了準備研究所考試，而到學校的圖書館唸書，在這裡遇見了也在準備考試的鴻仁。有次，為了調整一個舒適的讀書位，而有機會認識。後來，我們便常常一同相約唸書、討論功課。原本苦悶的讀書時光，有了一些變化，我們一同為目標奮鬥努力的情況下，培養出情感。

放榜後，我幸運的考上西子灣的中山大學電機研究所，然而鴻仁卻落榜了。我知道他的內心肯定很沮喪，為了能夠減輕他難過的心情，所以拿了一本以前讀過的書 ─ 《富爸爸·窮爸爸》給鴻仁，其中有段內容的大意是：「不一定只有好學歷，才有好的前途。」鴻仁讀完後，豁然開朗。我們也受了這本書的影響，約定好要追隨書中的道理 ─ 不要為了錢，而盲盲目目的工作，有朝一日，要「創造自己的事業」。

夢想起飛之前

「十個老闆有六個是業務出身的。這樣吧，我先去大公司學習當業務。」鴻仁選擇在新竹當業務磨練自己。我則到西子灣讀研究所。

兩年後，我從電機研究所畢業，為了實踐夢想決定學商。在西子灣讀書時，每天看到貿易商船往來，因而很想了解貿易的世界，之後應徵上一家貿易公司的會計。在這裡工作，從什麼都不懂的新手到每月例行公式的記帳、出貨等等事宜，學習到公司運作和貿易的一些基本概念。另一邊的鴻仁陸續工作了三年，從賣房子、賣汽車到賣化學用品。業務工作一直都不輕鬆，每天都為業績往前衝，在大公司的規矩與制度下，也學到與人相處的智慧，他經常和我分享在職場中所看見、經歷的事情。

因最後一份工作很輕鬆、沒有壓力，突然有時間思考自己的未來，有一天他突然告訴我：「現在過著沒有目標的生活，好想趁年輕早一點開始創業，過自由的生活。」我能理解鴻仁的想法，所以毅然決然跟隨鴻仁一起辭

去了工作。

　　我們就這樣各自在口袋裡先拿出十萬元作為創業基金。一開始要做什麼呢？我們真的不知道。曾想過要去租個辦公室，但租金好貴，於是打消了這個念頭。先傻傻的去買一張桌子當作創業的辦公桌，找了幾本參考書看資料。回憶那段時光，我們什麼都沒做，整天只想著到底要做什麼？我想這看在上一輩的眼裡，定是難以想像的事情。因《idea物語》的啟發，我們開始想設計產品，也研究了一小段時間，但開發產品的資金實在太高昂了，仔細思考後，決定先從門檻較低的飲食類做起，至少可以維持生活，這才有了初步的決定。

遇見法國果醬，撒下了夢想的種子

　　九份的芋圓有紅豆、地瓜口味，為何沒有水果口味的「水果圓」呢？喜歡吃甜點的鴻仁，帶著一份好奇心，發揮實驗精神，買了幾個鍋碗瓢盆，就這樣做起水果圓的創意。

　　沒有目的的我，則在一旁開心的做些西洋甜點。翻閱許多國外的食譜，文章中曾寫到法國手工果醬，我好奇的跑到百貨公司買，一瓶要價五百元，好貴，但是很好吃，濃濃的水果香，和市面上只有香精味道的果醬不同，彷彿吃到新鮮水果一般。常常到超市買東西，看成份時總是有許多是看不懂的化學物，吃到手工果醬，讓我很開心不僅它好吃成份也是天然的，這使我興起了煮果醬的念頭。

　　另一頭的鴻仁，則發現水果無法與麵粉結合，怎麼揉都會碎掉，改用我做好的簡單果醬融合他的芋圓實驗，卻仍然不成功，於是放棄了水果圓的想法。而當時臺灣也沒有所謂的手工果醬，我們抱著姑且一試的心態，二○○七年開始了手工果醬的學習旅程……

　　沒有任何煮果醬經驗的我們，只好土法煉鋼，曾經到國內的書店尋找相關書籍，但是寥寥無幾，後來才到國外的亞馬遜網站買到果醬原文書。空運的費用常常比書還貴，但也總算找到了學習的管道，開始各種果醬的製作實驗。從熬煮鍋、攪拌棒、烤箱、玻璃瓶到磅秤……要採買的器具不少。三天兩頭就得往外跑，四處去找各種以前不曾用到的器具與食材。

那一段研發歲月

　　鴻仁租的公寓廚房是當時我們研發的地點，當時還有三個室友共用。為了不影響別人，每天早上等大家都去上班、上課了，我們再從鴻仁的房間推出裝著所有果醬器具的餐車，開始一天的研發工作。從洗水果、切水果、熬煮、調味、裝罐、冷卻，都在這裡完成。到了中午，鴻仁的室友會從外面回來煮中餐吃，這時，我們得停下手邊工作，把廚房恢復原來的樣貌，迅速的將餐車推回房間。等待室友煮完飯，吃飽出門後，再趕緊將餐車推回廚房，繼續剛才未完成的工作。

　　日覆一日，一個月又過去了，大家共用的冰箱內，我們使用的那一層永遠是塞得滿滿的水果和一罐罐沒有貼標籤的實驗果醬。由於冰箱空間不足，於是添購了商業用的二手冰箱，三坪大的房間，除了一般雅房原有的傢俱，還有一張大辦公桌、擠滿的果醬器具，再加上冰箱，只剩下窄小的走道空間。冰箱每七分鐘開啟、關閉轟隆隆的馬達聲，吵得每天晚上難以入眠。雖然回想起創業生活過得克難，但在當時並不感覺辛苦，滿腦子只希望能夠早點學會煮出好吃的天然果醬。

　　每天早上我們都要試吃前一天的果醬、討論試吃心得，做為改進的依據。每天累積的果醬，很快又佔滿了新買的冰箱，每隔一段時間都必需處理掉，數量很多，垃圾車的清潔工常常都不讓我們把廢棄的果醬倒在廚餘桶裡。隨著果醬相關的東西越來越多，隔壁的室友搬走後，好心的房東將多出的房間借給我們。這間房間採光很好，除了用來堆貨物以外，為了省錢，還利用房東壞掉的衣櫃，加上買來的幾片珍珠板，拼湊成一個簡單的攝影棚，再向鴻仁爸爸借一台數位相機，在這裡拍攝果醬的商業照片，從沒學過攝影的鴻仁，開始買書自學，現學現賣。

來自父母的壓力

　　學生時期，很嚮往科技業領高薪、股票的優渥待遇，便努力求學，換來了電機碩士的學位。家人期望我會在畢業後進入科技業，然後過著穩定的生活。只是當我不再嚮往科技業的頭銜，轉而實踐天然果醬的夢想時，碩士學

位卻成了最大的包袱。

媽媽總是很擔心，常常打電話來要我開始找工作。我們的夢想才剛剛起步而已，怎麼可以就這樣放棄呢？固執的我，仍然堅持做自己想做的事。每次跟媽媽通完電話，心情都會很難過，感覺自己好像做錯事。那陣子我常常在想，為何不去找份工作穩定的過日子？腦子不要有那麼多的想法，讓爸媽開心才是最重要的事，我很想當個孝順的女兒，但也很想要實現夢想。兩者之間讓我無法取捨，也找不到解決的辦法，一個人在煮果醬時，都會忍不住偷偷哭泣，只剩下「很想創業」這個內在的聲音在支撐著我。

這段時間和爸媽的關係變得疏遠，假日回到苗栗的家，常躲在房間，不敢和爸媽獨處、也不敢到親戚朋友家，怕大家會說服我去找工作。記得有次，準備要從苗栗回新竹之前，媽媽擔心的情緒壓抑太久，忍不住地一陣責備。當時難過地流下眼淚，我能體諒媽媽無法理解的心情，卻不知該如何讓她安心。

這時候在一旁的爸爸突然開口和媽媽說：「女兒有什麼想法就讓她去做，沒有做看看也不知道會怎麼樣，就算失敗了也沒有什麼關係。」媽媽的情緒緩和下來了，當下我聽了很驚訝，原來爸爸沒生我的氣，這段話讓我的心好溫暖，也讓我更有勇氣繼續堅持理想。

蘿拉的第一步

「你們一直做，也不知道賣不賣得出去，乾脆去外面賣賣看，如果不好做的話，才不會浪費太多的時間。」媽媽看我不想放棄、爸爸又不反對，乾脆要我去試試市場的反應。我們聽了媽媽的話，決定把果醬拿到外面試賣看看。

為了與傳統果醬區隔，我們總是朝市面上沒有的新口味來研發，之前做出一款甜桃芒果果醬，請大家試吃，得到酸酸甜甜還不錯的反應。這讓我們有種「產品很好」的錯覺。

上網花兩千多元買了一套二手的擺攤器具，又到永樂市場買布、選包裝材料、設計一款簡單的瓶身貼紙，準備了五、六十罐的果醬，準備到新竹假日花市試賣，當時那種「產品很好」的錯覺，還讓我們擔心這些數量會不會不夠賣。付了八百元的租金，拿出準備好的甜桃芒果果醬，在假日花市開始

擺起攤位。第一次擺攤，即將面對人群，心裡頭很緊張。我想，鴻仁也和我一樣，所以不停的離開攤位，自告奮勇到外面買器材。

早上十點多擺好定位，還沒有什麼人潮，一對到附近運動的小兄妹從攤位經過，我拿了餅乾塗果醬請他們吃，沒多久小妹妹竟然拉著爸爸來買果醬，爸爸的表情不太高興，好像我趁他不在，誘拐小孩買東西。我沒再多想，人潮開始越來越多，有人經過，我們便大聲吆喝：「手工果醬歡迎試吃～」拿著塗好果醬的餅乾，一一請路過的人吃，大部份的人拿了就走，沒多停留，邊走邊塞進嘴裡，也許是害怕被推銷，有的人吃完面無表情，有的人吃完會用很奇怪的表情嘴裡唸著這是什麼，看桌上的果醬，我想大概是沒吃過這樣的果醬，也猜不出來這是什麼口味。後來，天色越來越暗，人潮也越來越少，於是只好收攤。

我們總結了今天的成果，只賣出了三罐，還有一罐被殺價三十元，營業額一共兩百七十元。我們帶著疲累又沮喪的心情回家，不敢把這天的成果讓媽媽知道，所以謊報了十幾罐的銷量，讓媽媽覺得我們的業績好像不錯。這次的經驗讓我們很灰心，事後討論也發現許多有待改進的地方。

最真實的聲音

「上次妳寄給我的果醬，看起來顏色暗暗的，跟市售的果醬不一樣，不知道是什麼，而且甜桃加芒果感覺很怪，所以沒有吃。」為了收集更多的建議，我開始寄去給同學試吃，沒想到得到最真實的聲音，原來果醬的狀態、顏色、包裝、名稱……都會影響食慾！

於是我們開始調整果醬的煮法，盡量保持水果的顏色，和有果肉的狀態。而有些氧化嚴重的水果，為了避免其顏色會影響食慾，我們開始用不同的水果進行搭配，利用天然水果的色澤覆蓋氧化的顏色。

在收集來自各方的意見中發現，依照國外食譜所製作的果醬，一般人都會覺得很甜，為了調整到大家能接受的口感和健康取向，我們捨棄國外書本上學到的作法，決定改變糖的用量，用更少的糖去熬煮，而且每一鍋都得用糖度計測量，盡量讓糖度維持在40%左右，使果醬中水果的含量變得更多，糖份也大大減少，對身體沒有負擔，而且果醬的風味更好了。經過幾個月的實驗，我們對果醬煮法、口感、狀態的調整，已經漸漸地抓到訣竅，實驗中也

開發了很多的口味。最後挑出我和鴻仁都喜歡的草莓、奇異果、鳳梨檸檬、百香柳橙、紅豆牛奶、焦糖核桃這六種天然果醬。

打造蘿拉果醬

第一代

第二代

第三代

　　之前我設計的外觀包裝，鴻仁覺得包裝一罐果醬所花費的工時太長，而且LOGO沒有特殊意義，所以決定重新設計過。為此，鴻仁開始學習繪圖軟體。

　　果醬品牌名稱決定用我的英文名字 —— 蘿拉，為了表現女性特質，鴻仁想出一個少女手持果醬瓶的模樣，藉著少女體態輕盈的樣子，表現果醬天然、健康、沒有負擔的概念，做為果醬商標。然後再利用不同的顏色表現水果的特性，設計出活潑的果醬外包貼紙，不僅包裝一罐果醬的人工節省很多，連包裝時間也縮短很多。完全不懂設計的鴻仁，竟然做出了這樣的成品，我開始欽佩鴻仁做事的毅力和能力。

向有機農夫學習

　　之前有同學說，果醬給人的印象是用不好的、快壞掉的水果做的。於是我們想推翻這種想法，決定要到各個產地找好的水果製作果醬，並且讓客戶知道水果來源及栽種過程。

　　二○○八年二月，踏上尋找台灣水果的旅程。最先驅車南下，來到屏東知名的檸檬果園拜訪，一到果園裡便看見工人正在噴灑農藥，空氣中瀰漫藍綠色藥水散發出的刺鼻臭味。看到這個景象，我們感到很不安心。因為我們需要將新鮮的檸檬皮放在果醬裡，如果用這裡的檸檬皮煮進果醬裡，等於會吃到很多農藥。和鴻仁離開果園後，在車子上討論了剛才看到的景象，我們都贊同不使用有農藥的檸檬。

　　後來我們用網路搜尋有機檸檬園時，找到了一家位在台南的有機檸檬果園，當下就打電話過去，聽見對方和藹的聲音，說明想拜訪的念頭之後，便直接開著車往台南的東山鄉。

為找檸檬打開有機知識

　　幾個小時後，來到林伯伯的檸檬園，心情也不由自主地開心了起來，眼裡看到的是一片有活力的果園，連雜草都是生氣蓬勃的。林伯伯原本在台北從事貿易工作，退休後與兒子一起搬回鄉下老家，沒務農經驗的父子倆，嘗試種植葡萄和檸檬，因為不懂得管理，結果葡萄都死光，只留下檸檬。

　　其實檸檬的種植也不容易，有很多的蟲害常把樹葉破壞得體無完膚，但這些都不打緊，最困難的是要杜絕「天牛」！天牛在靠近根部的樹幹上產卵，幼蟲孵化後，會鑽進樹幹裡啃食，常造成果樹死亡，損失嚴重。因此需要經常檢查天牛鑽樹幹留下的痕跡，再將天牛抓出，但是這樣無法完全根治。如果使用農藥就可以避免這些困擾，但是他們仍然堅持用自然的方式種植，從沒動搖過有機栽培的信念。靠著堅定的意志和有機協會長期輔導，對於自然的栽培方式，現在已越來越有心得。

　　檸檬田裡引用烏山頭水庫的無污染水源灌溉，再向附近酪農購買無汙染的羊糞便，加入豆渣發酵成為天然的肥料來源，提供果樹養份。從週邊的污

染隔離、防蟲、水源、除草、肥料等等細節，都是最天然、不汙染土地的方式，林伯伯很熱心地一一為我們說明，讓我們對農業和天然的栽培有第一次基本的認識。

一改過去的栽種方式，我們看到有機自然栽培的珍貴處，並不是因為這個名詞昂貴，而是因為生產者的堅持、愛心和犧牲，讓我們可以很放心的食用。從這一對父子身上，看到自然農業的難處，也看到他們永不放棄的精神，我們深深感動著。告別了林伯伯父子，繼續原來的行程。

第二天，我們來到屏東萬丹鄉，曾經聽說這裡的紅豆，飽滿綿密，品質很好而且還外銷日本。我想，用這裡的紅豆製作抹醬，肯定會很好吃。

紅豆伯的熱忱

來到萬丹我們到處打聽，從農會輾轉得知，有位沈伯伯種植有機紅豆，而且對紅豆非常有研究，大家都稱他「紅豆伯」。農會怕我們打擾平常忙碌的他，只肯給我們電話，不告訴我們紅豆伯的住處。

四處打聽後，好不容易找到了正在田裡工作的紅豆伯。他熱情的帶我們四處參觀田地，介紹他引以為傲的紅豆，他的紅豆採用輪作，在稻米田收割後種植，稻米裡留下的養分，被紅豆分解利用；而種植紅豆讓土壤裡的氮提高，利於稻米的生長。因為沈伯伯也種有機米，所以紅豆完全不使用「農藥、化學肥料和除草劑」，且保留傳統的方式採收。紅豆整株拔起後，讓太陽曝曬，自然的讓紅豆熟透、乾燥，從豆莢取出，再用人工挑去雜質及不良品，全程沒有機器的參與。種出的紅豆香氣十足，果肉飽滿，外表沒有市售紅豆那樣的光澤亮麗，卻是最安心自然的。

沈伯伯是台灣種植有機米的先驅，他在臺灣米的發展上有很大的貢獻，也曾獲選全國十大農民的殊榮。沈伯伯平常除了種植紅豆、稻米外，還長期協助農改場進行田間的各種試驗，他帶我們參觀正在進行試驗的田地。我們很意外，在平日繁忙的農事中，他怎還能抽空照顧這麼多塊田地？而且做了這麼多的試驗紀錄？在年近七旬的沈伯伯身上，我們看到專業和認真的態

度，從田地相輔相成的利用，到照顧紅豆的每個細節，他對農業的熱忱讓我們印象非常深刻。我們一直暢談到晚上，才不捨離去。

不打荷爾蒙的健康鳳梨

第三天我們來到位在中央山脈南端的屏東縣瑪家鄉，有個曾經得過神農獎的鳳梨世家。因為熱愛鳳梨，三代都選擇在這塊土地上種植鳳梨。

得到神農獎的吳伯伯，從父親的手上接下鳳梨田，種植鳳梨已有數十年的經驗，他說：「自己人敢吃，才敢賣給別人吃。」（台語）所以一直堅持不使用荷爾蒙來刺激鳳梨長大，種出的鳳梨總是比別人家小，收成也比別人少。這在利慾薰心的時代，是非常難得的。也因為種出了好口碑，雖然有東南亞的低價鳳梨競爭，他的鳳梨仍然年年外銷日本。

現在，農場已交由兒子吳大哥經營。農場第三代的吳大哥從小住在農場旁，他記得小時候晚上出門路燈下都會聚集著許多青蛙，一不小心就會踩到青蛙的情景，長大後，幾乎看不到了。所以想改用有機的方式種植鳳梨，恢復這裡的生態。一開始，很擔心不用農藥的鳳梨苗會因為蟲害而活不下去，但是沒有想到，灑了農藥的鳳梨遭受到的蟲害，竟比有機鳳梨園還嚴重。他說，因為生態達到平衡的關係，所以病蟲害反而減少了。我想，也許鳳梨就和人一樣，吃過多的藥物無法使身體變強壯，唯有提高本身的免疫力，才能夠抵抗疾病的侵害。

堅持果醬不添加的信念

農藥能讓我們生病，也會破壞寶貴的土地和自然生態，使用有機的方式栽種，真的可以減少土地和環境的汙染也可以讓環境慢慢恢復。如果有更多的農民使用自然的方式耕種，一定可以使我們的環境更好，也可以讓人們更健康。

原本一開始找果農的目的只是想用「好的水果」來製作果醬，可是拜訪

123

幾個有機栽培的果農之後，讓我們的想法轉變許多，想做「更純淨、自然」沒有農藥的果醬，如果可以用更多自然的食材製作果醬，讓更多人吃到，不僅可以支持這些農民，也可以保護我們的土地。

之後，我們做了很多的功課，收集有機或無農藥農業各方面的知識，陸續地又拜訪了很多的自然果園，也聽到很多感人的故事。例如：南投水里種葡萄的張先生，因為家裡的大哥長期接觸農藥而罹患癌症，使得張先生體認到農藥對身體的傷害有多巨大。花六年以上的時間學習，漸漸將葡萄轉做自然的栽培方式；原本從事廚師工作的埔里章大哥和逸萍姐，為了「既然是食用的玫瑰花，就不該用農藥」的信念，花了好幾年的時間在蒐集資料、請教專家學者、不斷試驗，過著沒有收入的生活，最後才得到大自然的回饋。在他們身上，都有一個共通的特色－信念、決心、毅力和一顆尊重土地與關懷他人的心。

推廣有機果醬

二○○八年三月，在拜訪了很多的果農之後，我們找到了每個口味的水果來源，鴻仁把這些果園的照片整理好，要我在部落格上，寫出果農的故事和果園栽種的過程。他希望讓每個買果醬的人都能了解這些食材，安心食用，也希望能為果農們盡一份心力，讓更多人支持他們。一篇篇的產地文章寫好、都交代清楚地放置在部落格裡，我們已經準備好要重新出發了。

二○○八年四月初，根據第一次市集的經驗，我們討論嘗試另一種推廣方式，就是到公家機關、公司行號裡舉辦免費的下午茶試吃活動，一般聽到的反應都會覺得很新奇，很想嚐試看看，所以陸續到了很多地方舉辦。由於之前花了很多的時間和調整口味、準備包裝、編寫果農的栽種故事……這次得到的反應和半年前很不同，大家普遍都很喜歡，也覺得果醬原來可以有這麼多種的變化。慢慢地訂單數量越來越多，單靠我們倆的人力實在不夠，而原來的空間早已不敷使用，所以我們在新竹找了一個較大的場所，增加一些人手幫忙製作果醬。

有次舉辦試吃的時候，一位好心的顧客建議我們把果醬寄給美食部落客試吃，來提升自己的人氣。鴻仁找到了一個記錄美食的部落格－天使嘉與魔鬼甄，這裡有很多的美食心得和作者寶貝兒子的生活點滴。這個部落格每天有很多人瀏覽，也有很多的廠商想請她試吃。我們照著她在部落格上留下的E-mail，寫了封信介紹我們的果醬，並且邀請試吃，後來她回應說願意吃吃看我們的果醬，如果不好吃就不會寫在部落格上，要我們有心理準備。我們抱著姑且一試的心情，準備了六種口味的果醬，又另外買了搭配果醬的原味優格，照著她給的地址寄了過去，也不敢多想是否能獲得青睞。

漸漸打開知名度

一個月後，二○○八年六月的某一天，突然接到很多訂果醬的電話，部落格也多了很多的瀏覽人次，我們甚至以為是駭客入侵網站。從客人那裡知道，原來魔鬼甄與天使嘉部落格，為我們寫了一篇蘿拉果醬的試吃心得，文章中還客觀的提到，冰過的果醬瓶蓋很難開。為此，我們試很多方法，找到了止滑墊可以用來開果醬，也就隨果醬附給每一位客人。

自從知名的美食部落客，撰寫了這篇試吃心得，蘿拉果醬的知名度漸漸地在網路上打開來了。後來陸陸續續有電視新聞、雜誌、廣播媒體來採訪，讓我們變成網路當紅的團購美食。

在隨著訂單越來越多，部落格功能漸漸無法滿足使用需求，我們請網頁公司幫忙，製作新的網站。同時，也利用時間對果醬的包裝做調整，第三代的包裝更簡單的也更有質感。二○○九年初網站完成後，算是初步完整的傳達做果醬的理念。

更完整地傳達蘿拉理念

　　從踏入果醬的世界到現在經過了兩年的時間，從讓家人擔心轉為肯定、支持，從對這塊土地的陌生到了解。很開心我們的小小努力讓更多人認識、也開始接觸天然的果醬。踏入果醬的初衷原是為了滿足內心裡對「天然食物」的渴望。遇到許多的農友，看到他們對這塊土地的堅持與無私，了解他們尊重生命與自然處世的道理，讓我們開始想，除此之外是不是能為這個地球和環境做得更多呢？

　　在二○○九年的七月，我們設定了目標，希望我們實現夢想的同時，也能作對這個世界有助益的事。我們從改變LOGO開始實踐。樹狀的圖案，代表我們的精神：夢想、愛、天然、禮物。我們在二○○七年撒下一顆夢想的種子，帶著對這塊土地、對大自然、對生命的愛，一起和夢想前進，希望夢想的樹可以發芽、茁壯。

　　當你看到這裡時，我們還在不斷地為了實現夢想而努力……

台灣第一健康品牌

歐式冠軍麵包

官方網站：http://www.mrmark.com.tw/　服務電話：06-3313332

✂沿線剪下

憑券　榮獲２００９年健康烘焙達人PK賽 歐式麵包冠軍

水果百匯雜糧麵包

優惠價 **110** 元
原價125元

優惠券使用規定

憑券至全省門市購買歐式冠軍麵包 水果百匯雜糧麵包，可享優惠價110元（原價125元）
一張限用一次，一次限購一條，不得折換現金，使用後由門市人員回收。
本優惠券無法適用於網路或電話訂購，請親自至門市消費使用。
現場產品數量有限，請先電話洽詢。
本優惠券使用期限自2010年1月1日~2010年3月31日止。
本優惠券不得兌換現金，且不得與其他優惠活動合併使用。

凱特文化 樂活16
天然又好吃的健康果醬

作者：蘿拉
發行人：陳韋竹
總編輯：嚴玉鳳
編輯：李育萍
行銷企劃：王紀友、張芷穎
美編：王家毓、葉馥儀
出版者：凱特文化創意股份有限公司
地址：台北縣土城市明德路二段149號2樓
電話：（02）2263-3878
傳真：（02）2263-3845
劃播帳號：50026207凱特文化創意股份有限公司
讀者信箱：service.kate@gmail.com
凱特文化部落格：http://blog.pixnet.net/katebook

經銷：聯合發行股份有限公司
負責人：陳日陞
地址：231台北縣新店市寶橋路235巷6弄6號2樓
電話：（02）2917-8022
傳真：（02）2915-6275

初版：2009年12月
定價：350元 特價：249元

天然又好吃的健康果醬／蘿拉作
－初版－臺北市：凱特文化創意 --2009.12
面；　公分 --（樂活；16）

ISBN 978-986-6606-62-5（平裝）
1.果醬 2.食譜

427.61　　　　　　　98017568

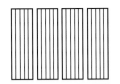

廣　告　回　信
台　北　郵　局　登　記　証
台北廣字第２７７６號
免　　貼　　郵　　票

台北縣土城市明德路二段149號2樓

凱特文化　收

姓名：

地址：

電話：

K 凱特文化 讀者回函

敬愛的讀者你好：
感謝您購買本書，請填妥此卡寄回凱特文化出版社，就有機會獲得「蘿拉果醬」提供的「小罐果醬禮盒組」乙件，限量10份，送完為止！
凱特文化會不定期給您最新出版訊息與特惠活動資訊！

您所購買的書名：天然又好吃的健康果醬

姓名：＿＿＿＿＿＿＿＿＿＿＿＿＿＿＿＿＿＿＿　性別：□男　□女

出生日期：＿＿＿＿＿年＿＿＿＿＿月＿＿＿＿＿日　年齡：＿＿＿＿＿＿＿

電話：＿＿＿＿＿＿＿＿＿＿＿＿＿＿＿＿＿＿＿＿＿＿＿＿＿＿＿＿＿

地址：＿＿＿＿＿＿＿＿＿＿＿＿＿＿＿＿＿＿＿＿＿＿＿＿＿＿＿＿＿

E-mail：＿＿＿＿＿＿＿＿＿＿＿＿＿＿＿＿＿＿＿＿＿＿＿＿＿＿＿

＿＿＿＿　學歷：1.高中及高中以下　2.專科與大學　3.研究所以上

＿＿＿＿　職業：1.學生　2.軍警公教　3.商　4.服務業
　　　　　　　　5.資訊業　6.傳播業　7.自由業　8.其他

＿＿＿＿　您從何處獲知本書：1.逛書店　　2.報紙廣告　　3.電視廣告　　4.雜誌廣告
　　　　　　　　5.新聞報導 6.親友介紹　7.公車廣告　8.廣播節目
　　　　　　　　9.書訊　10.廣告回函　11.其他

＿＿＿＿　您從何處購買本書：1.金石堂　2.誠品　3.博客來　4.其他

　　　　　閱讀興趣：1.財經企管　2.心理勵志　3.教育學習　4.社會人文
　　　　　　　　5.自然科學　6.文學　7.樂藝術　8.傳記　9.養身保健
　　　　　　　　10.學術評論　11.文化研究　12.小說　13.漫畫

請寫下你對本書的建議：＿＿＿＿＿＿＿＿＿＿＿＿＿＿＿＿＿＿＿＿
＿＿＿＿＿＿＿＿＿＿＿＿＿＿＿＿＿＿＿＿＿＿＿＿＿＿＿＿＿＿＿
＿＿＿＿＿＿＿＿＿＿＿＿＿＿＿＿＿＿＿＿＿＿＿＿＿＿＿＿＿＿＿